[权威版]

水

SHUI

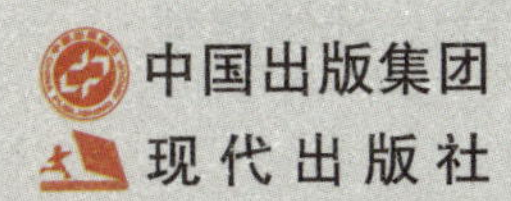

中国出版集团
现代出版社

图书在版编目（CIP）数据

水 / 杨华编著 . — 北京 : 现代出版社 , 2013.1
（科学第一视野）
ISBN 978-7-5143-1006-1

Ⅰ . ①水… Ⅱ . ①杨… Ⅲ . ①水 – 青年读物②水 – 少年读物 Ⅳ . ① P33 – 49

中国版本图书馆 CIP 数据核字 (2012) 第 304781 号

水

编　　著　杨　华
责任编辑　刘春荣
出版发行　现代出版社
地　　址　北京市安定门外安华里 504 号
邮政编码　100011
电　　话　010-64267325　010-64245264（兼传真）
网　　址　www. xdcbs. com
电子信箱　xiandai@ cnpitc. com. cn
印　　刷　汇昌印刷（天津）有限公司
开　　本　710mm × 1000mm　1/16
印　　张　10
版　　次　2014 年 12 月第 1 版　2021 年 3 月第 3 次印刷
书　　号　ISBN 978-7-5143-1006-1
定　　价　29.80 元

前言 PREFACE

地球母亲在浩瀚的宇宙中发出的蓝色光芒，那就是水的颜色。水对我们非常重要。水是动植物体的重要组成部分，水几乎在所有生物的生命活动中都发挥着重要的作用，花儿离开了水就会枯死，小鸟也要天天喝水。水对我们的身体非常重要，营养的吸收、废物的排泄都离不开水，我们能保持正常体温也多亏了水。一般情况下，如果连续5天不喝水，我们的生命就会受到威胁。

水如此重要，但我们对再普通不过的水又了解多少呢？水似乎离我们很近，每天人的生存都离不开水，但这小小的水滴蕴涵的无穷奥秘却不是人人都知道的。本书将带你“上天入地”，开启一段生动有趣的“水之旅”。

水是一个多变的精灵，它形态多变，一会儿是潺潺流动的溪水，一会儿是奔腾不息的汪洋，一会儿是飞流直下的瀑布，一会儿又是澄澈如镜的池水，一会儿又变为宁静洁白的雪山。本书从对水的介绍说起，依次介绍了水的不同形态——地下水、冰川、冰山和海洋，还介绍了水的现状和著名的水景观。不仅包含了水的科学，也阐释了水的文化，当然也不会漏掉与你的生活息息相关的日渐严重的水污染问题，为你打开了关于水的科学之窗。

全书共有6章：第一章奇异的水，第二章地下水库，第三章走进两极的冰雪世界，第四章奇特的海洋，第五章水的现状，第六章水的奇观。让我们一起走进水的趣味世界吧！

Contents

目录

第四章 奇特的海洋

第五章 水的现状

第一章 奇异的水

你可知道，“海”字为什么由“水、人、母”3个字组成吗？因为生命之源是水，人类就是在海洋中诞生的。大约45亿年前，地球上还没有任何生命，但在浩瀚无边的大海里，生命的创生和孕育却在悄悄地、极其缓慢地进行着。有趣的是，今天当人们用先进的科学方法分析时，惊奇地发现，胎儿在母体中赖以生存的羊水成分竟和海水的极为相似，无怪人们高歌“孕育人类的是海洋”。

生命的源泉

“生命之水”不只是一种诗意的成语。生命实际上是先从水中出现的，然后开始漫长的进化道路。在早期进化过程中互有联系的原始的动植物，几乎就是水，人体的2/3也是水。在出生之前，一个人的大部分时间是在母亲的子宫内有庇护作用的膜质囊里的羊水中度过的，水在人的身体内川流不息，一直到他死亡为止。人没有食物可以活几个星期；一个印度修士不吃食物活了81天，但是没有水，人可以活下去的最长时间只能是10天。有些细菌可以在没有氧气的情况下进行繁殖，但是无论是细菌或者是任何其他生命，都不能在没有水的情况下生长。水无视层层阻碍，穿透动植物的活细胞；水战胜了地心引力，爬上最高的树木，把养分输送给顶端的枝叶。

生命开始于远古的浩瀚海洋——水、二氧化碳、沼气和氨的丰富混合体。几亿年来，水蒸气和从火山口喷出的其他气体进入大气层，在那里冷却、凝结、变成了雨落到地面，随即又重新蒸发。后来，地球渐渐地变冷，水不再蒸发，开始在海盆内聚集。倾盆大雨下降的时候，雨水把碳、氢、氧和氮——构成所有生物身体组织的98%的有机元素——从大气层中冲洗下来，带着生命不可缺少的组合成分注满海洋。由于太阳的强大紫外线，闪电时的电和地球本身的放射性，又对这些组合成分发生了刺激，使其结合再结合，最后在完全巧合之下，形成了能自身复制的化合物——第一个有生命的分子。这个生命起源的观点，现在已从假设的古海洋环境中的实验结果获得了支持——产生了活性蛋白质的先驱：一些复合化学制品。

生命自水开端这一事实，还反映在所有动物和植物的生长过程中，最简单的单细胞有机体也受到水的包围渗透，水通过它们的细胞壁进进出出，送进食物和氧气，带走废物。此种原理同样适用于高级形式的生命，只不过这个过程要复杂得多。

除了很少的例外，植物是利用水和空气制造食物的。为了生存，它们必须像导管那样，从土壤中吸收水分，送到细胞中备用，并将剩下的部分送入空中。植物的地下细根毛吸入的水，穿过主干和分支的无数细微的长管子上升，再通过叶子上叫做气孔的微小细孔蒸发，回到大气层（这些细孔也是植物进行光合作用和生长所必需的二氧化碳和氧的进出口）。6.5 平方厘米的叶面可能有 30 万个气孔，大多数都在叶子的背面，释放出的水分，数量是惊人的。虽然植物蒸发的水分，随着温度、湿度、光照、风力和土壤湿度的不同而变化，但在生长季节里，蒸发的水分总重量可能达到植物本身干重量的几百倍。一种植物，比方说玉米，一生中释放出的水量，足够在它生长的整块地面铺上 28 厘米深的水。在暖和的日子里，一株白桦树能释放 227 ~ 303 升的水。

这种具有惊人能力的运水系统的机械结构，现在还没有完全弄清楚。水在某种植物——比方说很高的树——内的运动，成为生物学中最令人困惑的难题之一，但人们已经知道的情况，一再表明水的与众不同的特性。

地下水以渗透作用的特殊扩散方式进入植物的根毛，这是一种几乎发生在所有生命组织中的基本过程。通过这一过程，水分子能够透过不能以水滴形式穿过的黏膜。此种看来自相矛盾的现象可用一张玻璃纸来加以证明，玻璃纸是与自然膜非常相像的人造膜。滴在玻璃纸表面上的一滴水不会穿过，在这一意义上玻璃纸是不透水的；即使用一架普通的光学显微镜来观察，也无法在玻璃纸上找出一个细孔。但尽管玻璃纸很平滑并有延伸性，水分子还是确确实实地能够透过玻璃纸；大多数家庭主妇都知道，包在玻璃纸内的一片

图与文

任何生物体都必须不断地补充因排泄和蒸发而损耗的水分，每一种生物都逐渐形成一种满足自己需要的有效方法。

面包会变干——当然不及没有包的那么快，但比用铝箔那样不渗透材料包的要变干得快。

充足的水分供应确确实实是生死攸关的问题。不仅是人类，任何形式的动植物，从最低级的变形虫到最高大的红杉，都是如此。一个人只要失去他体内水分的 15%，就会很快死亡，几乎一切生物体都要依赖超过自己体重 50% 的水来生存。水能溶解和分配生命中的各种必需品，像二氧化碳、氧和盐。在人体内，水对血液循环、废物排除甚至肌肉运动，都有极重要的作用。没有水，人们甚至不能眨一眨眼睛。

这种永无止境的渴，是人类从生命起源的海洋中得到的遗传。生物化学家相信，人类细胞质内盐的浓度——0.9%——与 30 亿年以前的海水相同，那正是第一批生物迁往陆地的时期，因此，从比喻的意义上来说，人体内依然流着一种原始的水，他们的祖先是从这种原始水中出现的。

水从哪里来

水是地球表面数量最多的天然物质，它覆盖了地球 70% 以上的表面。地球是一个名副其实的大水球。地球刚刚诞生的时候，没有河流，也没有海洋，更没有生命，它的表面是干燥的，大气层中也很少有水分，那么如今浩瀚的大海、奔腾不息的河流、烟波浩淼的湖泊、奇形怪状的万年冰雪，还有那地下涌动的清泉和天上的雨雪云雾，这些水是从哪儿来的呢？

一种假说认为，地球上的水来源于原始的大气。他们推测，在地球历史的早期，地球的温度一定很高，地球上没有液态的水存在，而是水蒸气和大气混合在一起。后来，地球慢慢冷却，当地表温度降低到水的沸点（即 100℃）以下时，气态的水便凝结成液态的水。他们想象，原始大气中的水蒸气数量极大，由气态的水变成液态的水的过程一定很长。也就是说，要经过数万年不间断的降雨，结果地球表面所有洼地都积满了水，原始的海

洋也随之产生了。

有的科学家还找到地球上最古老的沉积岩，沉积岩是流水作用形成的岩石。有了沉积岩，就可以证明当时有水的存在。他们用仪器测出最古老的沉积岩的年龄为 35 亿 ~ 38 亿年。也就是说，在遥远的 38 亿年前，地球上就已经出现了水。这种水来源说，有不足之处。因为有人推测，既然在地球历史的早期，地球温度很高，空中弥漫着大量水汽，那么为什么这些水汽没有逸散到地球以外的宇宙空间呢?

于是又有一种假说——岩浆析出说应运而生。这种假说认为，地球最初的水大部分以岩石结晶水的形成存在于地球内部，或者溶解在岩浆中。随着地球的演化，这些地球内部的水通过火山喷发，也可能通过岩浆侵入等方式跑出来，进入地表。

在地球表层——地壳以下是地幔层。一位前苏联学者估计，地幔层中储存大量的水，而现在地球表面的水仅仅占其中的 13%，还剩 87% 的水量保存在地幔里，成为不断补充地表水分的后备来源。有人甚至还估计，目前全世界每年仅因为火山爆发，就带到大气中 4 000 万 ~ 5 000 万吨的水。地球历史那样漫长，从地下析出的水分，形成海洋等巨大水体不成问题。

最近，又有一种假说非常流行。他们认为地球上的水是从宇宙空间中来的。产生这种假说的重要根据是他们发现地球周围的许多彗星原来是由冰晶组成。宇宙空间彗星千千万万，并不断地和地球相遇，进入大气层。他们估计，大约每分钟就有 20 颗平均直径为 10 米的小彗星进入大气，每颗可释放出 100 吨水。虽说数量不是很大，但是频率高，时间一长，足以形成地球上这个庞大的水体。

以上关于地球上水的来源的 3 种假说，究竟哪个是正确的呢？现在还没有定论。看来，大气来源说因为假说有较严重的缺陷，目前已经被淘汰。另外两种说法，各有各自的道理，也许地球上水的来源本来就是多源的，既有地球内部的源头，也有“天外来客”。我们相信，随着社会科学技术的发展和人类进步，对于这个地球科学中的一个最基本的问题，会逐渐得到完满的解答。

 不可捉摸的水分子

水虽然是极为普通的东西，却是一种特殊的物质。它到处分布，以大洋、冰原、湖泊和河流等形式覆盖着几乎3/4的地球表面，这些水体拥有3.24亿立方英里（13.5亿立方千米）的容积。在地面之下还以地下水的形式储有200万立方英里（830万立方千米）的水，在地球的空气层里另有3 100立方英里（12 900立方千米）的水，主要是水蒸气。

地球在诞生的时候就有这些大量的水，多数科学家认为在地球的原始海洋中就有了生命，水不断地供养所有的生命——有些很简单的生物没有空气也能生存，但是没有哪种生物可以没有水而生长。在亿万年的时间里，水是形成和改变地球表面的最为强大的动力之一。冻成滑动的冰川，它能雕刻出山岭的景观，挖出巨大的凹地和湖盆，改变河道并把泥土和砾石搬运到遥远的地方。作为下降的雨水和流动的河流，它能夷平大山，造成宽阔的河谷和陡峻的峡谷，并冲蚀最坚硬的岩石。作为冲击的波涛和澎湃的海浪，它能持续地侵蚀海岸，改变岛屿和大陆的轮廓。水决定着天气，形成作物和森林借以生根的土壤；作为蒸气或水力发电的动力，它还能发动现代化技术中的机器，从烤面包到创造晶体管收音机的半导体，几乎在所有的制造业中，水都是不可缺少的。

作为一种物质，水是无臭、无色和无味的。它能在世界事物中起着一种不寻常的作用，是因为它的特性看来并不枯燥乏味。作为一种化学物质，水是独特的，它是一种非常稳定的化合物，一种很好的溶剂，又是一种强大的化学能源。水与大多数的有机物质不相接近，却被大多数的，包括它自己在内的无机物所强烈吸引；事实上，它自身的分子连结得比某些金属的分子还牢固。它凝结成固体时，不像几乎所有其他物质那样收缩，而是膨胀，于是就出现较轻的固体浮在较重的液体之上这一异乎寻常的后果。

水能吸收和释放比绝大多数一般物质更多的热量。在许多物理和化学性质方面——如凝固和沸腾时的温度——水是特殊和异乎常规的，而且这些异常的特性差不多都渗透到人类的生活中，正像天然的消化过程或人工的蒸汽机操作。

图与文

水的所有特殊性能可以从它的分子结构来追溯。两个氢原子和一个氧原子（H_2O）合起来的水，结成一种非常牢固的分子，要把水分裂开来需要巨大的能。事实上，很久以前，水一直被认为是一种不可分裂的元素，不是一种化合物。

在一个滴着水的龙头上最能看出一个水滴表面上建成的氢键的强大张力。首先出现在龙头口的水的平面薄膜好像是一片圆的很薄的透明橡皮。像一张有弹性的膜一样，龙头口薄膜包的水的重量增大时，薄膜就会慢慢地鼓起来，但并不破裂，最后它好像把自己从水龙头上拉开，并在一个自由下落的水滴周围碎开。这个水滴如果不受空气压力而变形，会变成一个完整的球体。所有的形状之中，球体是一种单位体积内具有最小表面积的几何体。下落的水滴有这种形状才能成为最紧密的整体，因此，在下落的水滴这种常见的形状中，可以看到使水具有特殊性质的分子力——这些难能可贵的性质使水成为地球上最重要的一种物质。

水的稳定性的转换甚至更为有趣。同样的道理，氢和氧原子抵制把它们拉开的力，它们总是愿意合在一起，像擦根火柴那样微小的推动都可造成它们的结合。厨房窗上的水蒸气是在炉里的火焰中由煤气中的氢原子和空气中的氧原子联结而成的，甚至人体也能在消化食物的过程中合成水——大致每周有 0.5 加仑。

虽然水在分裂时必须吸收非常大的能量，水在合成时也要放出同样多的能量。大约 0.5 千克的纯氢和 4 千克的纯氧，如果合成 4.5 千克的水，那么放出来的能量足以供 60 瓦的灯泡点亮 325 个小时。氢—氧的反作用确实是很好的一种能源。宇宙飞船“双子星 5 号”曾首先应用有氢—氧反作用的燃料电池，作为长效的动力发动机。

如果地球上最普遍的物质——水，突然开始像它的分子结构那样行动起来，生命就要遭受一场巨大的灾难。血液会在身体里沸腾，植物和树木会凋谢死亡，世界会变成一片干燥的荒原，但是水分子结合在一起不同于其他化合物，由于这一原因，它们具有独特的自相矛盾的性质。

例如，水是液体比固体重的少数物质之一。液体的水能够在一个管子里不顾地心引力而向上爬升。水很仁慈，无数种生命能在水中生存；水又有腐蚀性，经过相当长的时间，它可以分解最最结实的金属。虽然看起来水可以那么容易地改变它的形态——有时一条河或一片湖里同时存在它的固体、液体和气体——但水发生这些转变时一定会放出或吸收巨大的能量。实际上，融化一座小冰山时需要吸收的热量，可以驾驶一条大轮船横贯大西洋 100 次。

在八大行星之中，只有地球上有大量的液体状态的水。全世界的水总量是 13.6 亿立方千米。如果把这么多的水倾注于美国 50 个州的土地上，美国会淹没到 145 千米的深度。与数量同等重要的，是地球能保持水的 3 种基本形态——液态、固态和气态。水是天然地以这 3 种形态存在于地球上的唯一物质，而地球显然是太阳系中能以此种方式保持水的唯一行星。这种情况不仅决定了地球上生命的发展，而且可能限定太阳系中，生命只能在地球上出现。

数千年来，人们已经认识到——有时模糊，有时清楚——水的作用很大。它的供应量很丰富，性质很特别，对生命的关系很重要，总是使人感觉惊奇。人本身就是一个多孔的水囊；就重量来说，人体中有 2/3 是水，只有 1/3 是由其他化合物组成的。水供应着澎湃的大洋、沼泽的雾、滑动的冰川、火山爆发喷出的水蒸气、冬天的一个雪球或一小股飓风卷到空中的多至 45 亿吨以上的水汽。

令人眼花缭乱的变化说明了水的某些不稳定的特性，它从来不会静止。

放在餐盘旁的玻璃杯就是微观的不稳定的水世界。玻璃杯中冰块化成水的时候，会有小量的水汽释放到空气中，在光滑的玻璃杯内壁上凝成小水滴。在宏观的地球表面，13.6亿万立方千米的水这种活跃物质，经常对强大的自然力——地球的自转、太阳的辐射热、地球和太阳系中其他星球的重力——产生反应。此外，还有地面上的不规则形态——大陆上的高山、河谷与平原、大洋里的盆地——的作用以及地球物质的化学性与组织成分。每个因素都能导致动荡的和持久不息的变态——水在气体、固体和液体状态中的移动、变化和反复无常的性质。

但有一个极为重要的情形是水的总量固定不变，世界上的水的总供应量不会增多也不会减少，现在的水量相信与30亿年以前几乎完全一样。在无穷的重复循环中，水经过了利用、处理、净化和再使用。昨晚煮马铃薯的水可能是几千年以前阿基米德的洗澡水。虽然使用“已经用过”的水这种想法，可能不合于卫生文明，但认识到供应全世界人类需要的一种重要物质不会枯竭，还是相当令人欣慰的。

水的耐久性引出了它是否早就一直存在的问题。在年青的和没有生命的地球刚刚混沌初开的时候，所有的水到底是从哪里来的？现代科学家认为这个问题直接联系着一个更大的谜，即地球本身的起源。水的产生和水的性质，与我们地球的大小、地球在太阳系中的位置以及地球的构造有明显的关系。

水的循环

大洋、冰冠和冰川合在一起构成地球总水量的99.35%，余下来1%中的2/3，分摊给全球其他形式的水，世界上所有的大河和大湖、内陆河、泉水、溪和塘、沼泽和泥塘、雨、雪和大气中的蒸气，地上和地下的管道水，阴沟和水库中的水，山坡上的雪和冰，泥土中的湿气和——最重要的——

供应井水和补给溪水及河水的地下水，都包括在这很小的部分之内。从世界上水的总量中除去大洋、冰冠和冰川，余下来很少的可用水中，地下水部分约占 97%。

水的分布上存在明显的不均衡情况，曾使古代人迷惑不解。在他们看来，雨和雪不能算作湖和河的水量，因为没有全落下来。住在尼罗河边干燥区域的人怎能想到尼罗河中每年泛滥的水量来自数千千米以外的山区降水呢？其他若干世纪的人亦觉得无法想象固体的地面能成为雨水的吸收者和搬运者；无论如何，掘井取水时，只能在条件比较好的地方得到水。在 17 世纪以前，多数人对泉水和深井水的解释只有两种：有人认为这些水来自一个巨大的地下蓄水池，也就是隐藏在地壳岩石下面的淡水洋；又有人认为水是来自海洋，经过地下渠道，稍被净化然后上升，作为泉水喷出或藏于地下，将来成为井水的供应水库。这两种解释中的前一种不太令人满意，它忽略了地下蓄水池也需要有水补充这一点。

但 16 和 17 世纪随着现代科学的发展，再次把一般人的注意力吸引到自然界的循环模式上，诸如牛顿提出的每个作用必然有反作用的定律，哈维论证的反复循环的血液系统，哥白尼假设的行星循环轨道等等。这

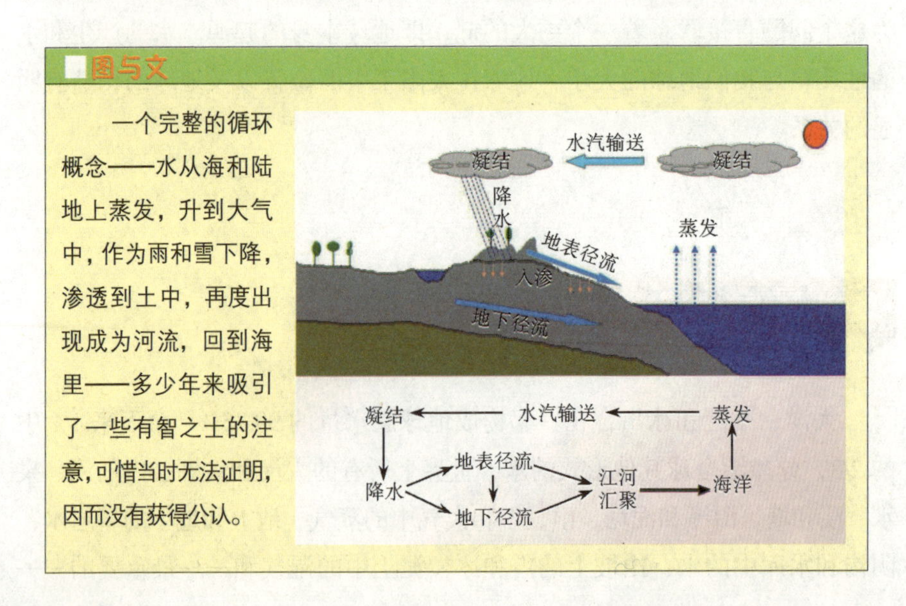

图与文

一个完整的循环概念——水从海和陆地上蒸发，升到大气中，作为雨和雪下降，渗透到土中，再度出现成为河流，回到海里——多少年来吸引了一些有智之士的注意，可惜当时无法证明，因而没有获得公认。

些平衡和反复的规律已由精密的观察和仔细的测量而得到确定，因此，寻找世界水源中的类似平衡和用类似的技术寻找这种平衡，是很自然的情况。

17 世纪中叶，法国的两位科学家分别求解河流之谜。首先是伯劳尔（Claude Perrault），稍后一些是马里奥特（Edme Mariotte），他们测量了塞纳河分水谷的雨量，再测量塞纳河的排水率，即在一定时间内流进海洋的水量。他们的测量虽然不够精密，却证明了与古代信念相反的一种情形，只用雨量就能够计算河流的流量。此外，还有足够的水留作泉水和井水。马里奥特更前进了一步，指出雨水深深地渗入土地，向下透过多孔的土壤，一直到碰上了不透水的物质为止。

每年大约有 95 000 立方英里（396 000 立方千米）的水进入空气中，其中绝大部分——近 80 000 立方英里（333 000 立方千米）是从海洋上升的。只有 15 000 立方英里（62 000 立方千米）来自陆地，或来自蒸发的湖泊、河流和潮湿的土壤，最主要的是来自植物叶子上散发出来的水分，整个过程称为蒸腾。

进入大气的水绝大部分——71 000 立方英里（296 000 立方千米）——直接返落海洋。另外 9 000 立方英里（38 000 立方千米）落在陆地上流入江河，但在几天之内，或最多在几个星期之内，又流回海洋。余下来 15 000 立方英里的水浸入土地，可以参加植物和动物的生活过程。在这些过程中，水的进入和排出数量也是相等的，动物和植物生活中呼出、排泄和散发出来的水，就是早先通过根或嘴吸入的。

虽然水文循环是平衡的，整个地球上，有多少水上升，就有多少水下降，但在个别地区这种相互关系却不能维持。蒸发的水量和下降的水量有很大的差别。

水的蒸发数量应该是在赤道上最大，因为最大的太阳能量直接照射该地区，但浓厚的云在赤道上比大多数其他地区更为常见，减少了太阳从天空中到地面的辐射，而且在赤道的北方和南方，强劲的风扫起的湿气，比相当平静的赤道风扫起的湿气多。风对水的蒸发能产生至为重要的作用，因为热，干风吸收的湿气往往比温带地区的暖风多。地球上水的蒸发率最高的地区，是在北纬 15° ～ 30° 之间的红海和波斯湾。太阳强烈地增热使红海每年蒸发的水不少于 3.5 米。

陆地上的蒸发率变化更大。暴露的水面较小，但有比海洋更高的温度和更强烈的风。地球上若干沙漠中，有些地区的蒸发率为零，因为那里没有什么可蒸发的。雨林地区是另外一种情况，蒸发率接近于在同样风力或日光下的海洋。

地球的原始水源目前仍在使用之中：从最初云的形成和最初雨的降落以来，几亿年中没有什么增减。同样的水反复地从大洋升到空气中，降到陆地上又送回到海里。这一过程——海洋水蒸发，分布到地球的各个部分，又回到海里的自然机械作用——称为水文循环。在任何时候，水文循环中运动的水，大约只占地球总水量的 0.005%；绝大部分的水储存在大洋中，冻结在冰川里，保持在湖泊中或停留在地下。在美国，一滴水通过空气循环平均只花 12 天，然后可能在冰川里保存 40 年、在湖泊中保存 100 年、或者在地下保存 200 ～ 10 000 年，视它在地下的深度而定，但终究每颗水滴都要在水文循环中运动。水文循环在一天之中消耗的能量比人类在整个历史中产生的能量还要多，但是由太阳输入动力的水文循环结构具有的能力比它所能用掉的能力更多。

水的影响

对地理的影响

在地球表面有 71% 被水资源覆盖，从空中来看，地球就是个蓝色的水球。水侵蚀着岩石土壤，冲淤河道，搬运泥沙，营造平原，改变地表形态。

地球表层水体构成了水圈，包括海洋、河流、湖泊、沼泽、冰川、积雪、

地下水和大气中的水。由于注入海洋的水带有一定的盐分，加上常年的积累和蒸发作用，海水和大洋里的水都是咸水，不能被直接饮用。某些湖泊的水也是含盐水，比如死海。北美的五大湖是最大的淡水水系。欧亚大陆上的里海是最大的咸水湖。

图与文

世界上最大的水体是太平洋，包括属海的面积为 18 134.4 万平方千米，不包括属海的面积为 16 624.1 万平方千米，约占地球总面积的 1/3。从南极大陆海岸延伸至白令海峡，跨越纬度 135° ，南北最宽 155 00 千米。在太平洋水系中，最主要的是中国及东南亚的河流。

地球上的水大约有 1 360 000 000 立方千米。海洋占了 97.2%，冰川和冰盖占了 1.8%，地下水占了 0.9%，湖泊、内陆海和河里的淡水占了 0.02%，大气中的水蒸气在任何已知的时候都占了 0.001%。

对气候的影响

水对气候具有调节作用。大气中的水汽能阻挡地球辐射量的 60%，保护地球不致被冷却。海洋和陆地水体在夏季能吸收和积累热量，使气温不致过高；在冬季则能缓慢地释放热量，使气温不致过低。

海洋和地表中的水蒸发到天空中形成了云，云中的水通过降水落下来变成雨，冬天则变成雪。落于地表上的水渗入地下形成地下水；地下水又从地层里冒出来，形成泉水，经过小溪、江河汇入大海，形成一个水循环。

雨雪等降水活动对气候造成重要的影响。在温带季风性气候中，夏季风带来了丰富的水气，夏秋多雨，冬春少雨，形成明显的干湿两季。此外，在自然界中，由于不同的气候条件，水还会以冰雹、雾、露水、霜等形态出现，并影响气候和人类的活动。

对生命的影响

水是生命的源泉，人对水的需要仅次于氧气。人如果不摄入某一种维生素或矿物质，也许还能继续活几周或带病活上若干年，但人如果没有水，却只能活几天。人体细胞的重要成分是水，水占成人体重的 60% ~ 70%，占儿童体重的 80% 以上。水对人体有哪些作用呢？

人的各种生理活动都需要水，如水可溶解各种营养物质，脂肪和蛋白质等要成为悬浮于水中的胶体状态才能被吸收；水在血管、细胞之间川流不息，把氧气和营养物质运送到组织细胞，再把代谢废物排出体外，总之人的各种代谢和生理活动都离不开水。

水在体温调节上有一定的作用。当人呼吸和出汗时都会排出一些水分，比如炎热季节，环境温度往往高于体温，人就靠出汗，使水分蒸发带走一部分热量来降低体温，使人免于中暑。而在天冷时，由于水贮备热量的潜力很大，人体不致因外界温度降低而使体温发生明显的波动。

水还是体内的润滑剂，能滋润皮肤。皮肤缺水，就会变得干燥失去弹性，显得面容苍老。体内一些关节囊液、浆膜液可使器官之间免于摩擦受损，且能转动灵活。眼泪、唾液也都是相应器官的润滑剂。

水是世界上最廉价最有治疗力量的奇药。矿泉水和电解质水的保健和防病作用是众所周知的，主要是因为水中含有对人体有益的成分。当感冒、发热时，多喝开水能帮助发汗、退热、冲淡血液里细菌所产生的毒素，同时小便增多，有利于加速毒素的排出。

大面积烧伤以及发生剧烈呕吐和腹泻等症状，体内大量流失水分时，都需要及时补充液体，以防止严重脱水，加重病情。

睡前喝一杯水有助于美容。上床之前，你无论如何都要喝一杯水，这杯水的美容功效非常大。当你睡着后，那杯水就能渗透到每个细胞里，细胞吸收水分后，皮肤就更娇柔细嫩。

入浴前喝一杯水常葆肌肤青春活力。沐浴前一定要先喝一杯水。沐浴时的汗量为平常的两倍，体内的新陈代谢加速，喝了水可使全身每一个细胞都能吸收到水分，创造出光润细柔的肌肤。

需要指出的是，对老人和儿童来说，自来水煮沸后饮用是最利于健康的，目前市场上出售的净水器，净化后会降低水内的矿物质，长期饮用效果并不如天然水源。

水在细胞中主要是以游离态存在的，可以自由流动，加压易析出，易蒸发，称为自由水。它是细胞内的良好溶剂，成为各种代谢反应的介质。自由水在细胞中的含量越多，细胞代谢就越旺盛。一部分水和其他物质结合，不能自由流动，称为结合水。结合水含量越多，生物对不良环境的抗性就越强，如：抗旱、抗寒等。

水摄入不足或水分丢失过多，可引起体内失水亦称为脱水。根据水与电解质丧失比例不同，分 3 种类型：高渗性脱水是以水的丢失为主，电解质丢失相对较少；低渗性脱水是以电解质丢失为主，水的丢失较少；等渗性脱水是水和电解质按比例丢失，体液渗透压不变，临床上较为常见。

地球上的生命最初是在水中出现的，水是所有生命体的重要组成部分。人体中水占体重的 70%，水是维持生命必不可少的物质，人对饮用水还有质量的要求。如果水中缺少人体必需的元素或有某些有害物质，或遭到污染，水质达不到饮用要求，就会影响人体的健康。

水有利于体内化学反应的进行，在生物体内还起到运输物质的作用。水对于维持生物体温度的稳定起到很大作用。

第二章

地下水库

地下水是存在于地下多孔介质中的水，其中多孔介质包括孔隙介质、裂隙介质和岩溶介质。地下水是水资源的重要组成部分。由于水量稳定、水质好，是农业灌溉、工矿和城市的重要水源之一。但在一定条件下，地下水的变化也会引起沼泽化、盐渍化、滑坡、地面沉降等不良的自然现象。被污染的地下水对许多方面都会造成很大的危害，因此采取各种措施保护地下水源，成为一个非常重要的课题。

哪里来的地下水

地球上的水是很多的，它不仅分布在地球表面的湖泊、江河和海洋里，同时还以水蒸气和水滴状态飘浮在大气中，以冰雪等固体状态分布在高山和两极。此外，还有一些水，它埋藏在人们不易觉察到的地壳中，这就是地下水。

地球上到底有多少水呢？要精确地回答这个问题是困难的。有人曾粗略地计算，认为整个地球上的水量，包括地表水、大气水和地下水，大约是 14 亿立方千米。

海洋是地球上聚集水量最多的地方。海洋分布的面积约占地球总面积的 7/10，是陆地面积的 2 倍多。根据计算，海水所占体积为 132000 多万立方千米，占地球上总水量的 97.2%。

除了海洋，在大陆上还有许多江河和湖泊。我们常常觉得江水滔滔不绝，湖水茫茫无际，好像水是很多的，但是全世界江河湖泊中水的体积只有 22 万立方千米，仅占地球上总水量的 0.017%。

在高山上，有终年堆积着的冰雪；在寒冷的南极和北极，平地上也都被冰雪所封盖。这种处于冰雪状态的水，在地球上约有 2 900 多万立方千米，占地球上总水量的 2.15%。

以水蒸气、雪片和雨滴状态漂浮在大气中的大气水，也有 12 900 立方千米。这种水主要分布在离地面 5 ~ 15 千米的大气对流层中。

人们往往不太注意埋藏在地下岩层中的地下水，而地下水的数量却很可观。地下水不仅出现在河渠纵横、雨水充沛的南方，也出现在雨水较少的干旱和半干旱地区；它不仅出现在广阔的平原地带，也出现在峰峦峭拔的山区；它不仅存在于靠近地面的地层中，在地下十三四千米的深处也有它的踪迹。据估计，地球上地下水的总量为 830 多万立方千米，占地球上

总水量的0.63%。

地下水虽然远远比不上海洋的水量，也比不上高山和两极地区的水量，但它却是江河、湖泊中的水和大气水总和的35倍。由此可见，地下水是多么丰富啊！

埋藏在地壳中的地下水这么多，它究竟是从哪里来的呢？地下水虽然埋藏在地下，但它却不是孤立存在的。它和地表水、大气水都有密切的联系。所有的大气水、地表水和地下水，在自然界中都无休止地运动着、变化着：地表水在太阳的照射下，受热蒸发，再加上动植物的蒸腾作用，使大气中含有一定数量的水蒸气；这些水蒸气上升到空中后，遇冷凝结为极细的水滴——云，云在适当的条件

下变成雨滴或者雪片、冰雹，又重新降落到地面。

雨水降落到地面以后，大致有三种归宿：一部分从地面、水面或其他承接雨水的表面重新蒸发，回到空中；一部分回到内陆湖泊或者顺着地面流动，汇集到江河湖泊里，最后流进海洋；还有一部分则通过岩层的孔隙、裂隙和溶洞，渗透到地下，形成了地下水。而地下水又往往通过泉涌出地面，或通过地下径流的方式，流入河流、湖泊和海洋，成为地表水。

总之，地表水、大气水和地下水之间，存在着相互转化和相互依存的关系，这也就是水的循环。

雨水能够渗透到地下去，这一事实对我们每一个人来说，都是很容易理解的：一场大雨过后，地面上积了些水，但是过一会儿，这些水就消

图与文

此外，还有一部分地下水，它既不是大气降水渗透到地下形成的，也不是水蒸气在岩层里凝结形成的，而是直接由岩浆中分离出来的气体化合而成的。这种水的水量不多，在地下水中不占很重要的地位，但是它往往含有大量的气体和一般水中少见的化学元素，因此它的功用，却是人们不容忽视的。

失了。水到哪里去了呢？它的一部分就是渗透到地下，成为地下水了。

雨水渗透到地下形成地下水，这是地下水的主要来源，但却不是地下水的全部来源。例如沙漠地区，那里一年到头很少下雨，地面非常干旱，但是在沙漠中也往往可以找到比较丰富的地下水。

人们不禁要问：沙漠中的地下水是从哪里来的呢？为了揭开这个谜，许多人曾深入沙漠，进行了实地观测，还做了各种各样的试验。最后，“谜”终于揭开了。原来空气中的水蒸气，在砂土中可以直接凝结成水珠，许多水珠聚集起来，就成了地下水。

多水的地下世界

对理性的科学表示尊敬的现代，仍然保留着古代水巫的习俗。几年前，在美国丹维尔的弗蒙特镇的一个集会上，一群探水人表演了一次探水习俗。他们伸出“探水杖”，走过几公顷的草地，最后“探水杖”一拖，找到了“水脉”的所在。他们掘下去 2.4 米、3 米，直至 3.7 米——预计的深度。洞里还是像夏天的灼热尘土那般干燥。一个探水人用手指搓着土壤说：“我们挖得不够深？”

这个探水人的话是正确的。地球上的绝大部分，只要挖得够深的话，一定会有水——不管用不用探水人的榛木杖。美国及英格兰人认为，水是丰富的，深于 6.1 米以上的任何一个洞，每分钟都能供应 7.6¯18.9 升水，所以世界上差不多每一个地区的土壤里，总有某些数量的、某种形式的、藏在某种深度的适于饮用的水。撒哈拉这个名词是“完全干燥”的同义词，但撒哈拉沙漠下面还是有水的。

全部世界淡水 830 万立方千米或者可以取得总水量的 97% 以上几乎都是藏在地球的深处。相信这么大量的水源，有一半在地下 0.8 千米的范围以内，是能以划得来的代价取用的。

所有地下水经常在运动中，大部分最后会升到蓄水层内。该层的作用像一口井里封闭的水管，构成足够的压力，从地面喷出成为泉水或河流，有时也经由植物或人力被抽上地面。大量地下水都在土壤里流动，不露一点踪迹，供应了很多喝的水、洗涤用水和工业用水。它能溶解土中的盐分，能在地下造成许多洞穴，并在洞穴中装饰着钟乳石和石笋，它还能产生冒气的矿泉和华美的喷井。

因为地下水是隐藏的，关于它的位置无法避免迷信的想法，关于在地下的活动，也有着互不相同而且希奇古怪的传说。未受训练的人，尤其是假使他们生长在多水的湿润地区，不会懂得从地面看出什么地方有水的迹象，但在干燥地区，天气和水源是最令人关心的话题，美国亚利桑那州和新墨西哥州的农民，多数能推测一条河流的水量、一块作物地里需要的水量以及地下水可能隐藏的深度。

地下水的特性和运动情形不比地表水和空气中的水更神秘。在任何环境中，水显示出它的特性并服从物理和化学的一般规律。地心吸力吸引天空中的水，把它拉到地面之下，分散在含水层中并且影响它的流动方向。

土壤中并无所谓水“脉”。一口井不过是下通到水分饱和带的一个洞。水从饱含水分的土壤渗入洞内，在这个洞邻近挖出的任何洞穴，只要达到同样的深度，通常也会有水。

水浸入土地中的比率因土壤的性质而不同。如果土壤是干燥而多孔的，水能大

图与文

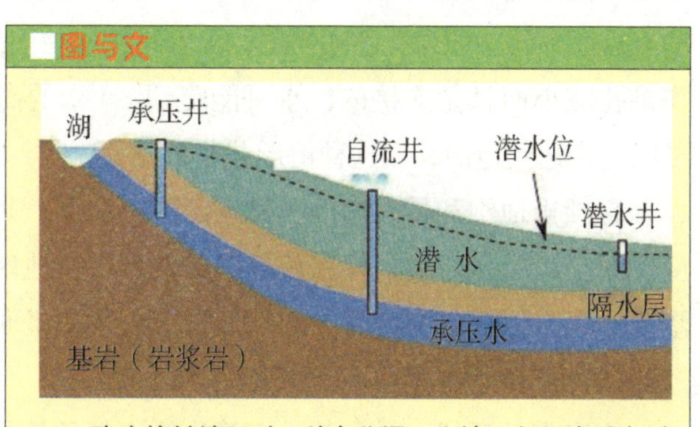

降水接触地面时，总有些浸入土地，向下渗透直到某种深度而被不透水的岩层堵住，再水平地向外伸延，使这片土地饱含水分。最后，水渗入了蓄水层，通过透水的土壤，从一个细孔流到另一个细孔。只在少数洞穴里，地下水成为明确的池塘或可以辨认的河流。

量渗入。最不好的条件是突然的倾盆大雨落在倾斜的不很透水的物质上，例如黏土的表面。这种情形的大部分降水会从地表很快地流走。

大陆的最外层大部分是多孔的、相当疏松的物质，主要是砾石、砂、泥沙和腐烂的植物。大部分的这些物质下面是多孔的沉积岩，例如砂岩和石灰岩。沉积岩的下面是基岩。由于原来是熔岩或者后来受到热和压力，基岩非常结实，除了有断裂的地方外，其他地方完全不透水。在不透水的基岩上面的地层都有地下水。根据水的含量，有水的地层可以分成两个区域：通气带和饱和带。

渗进地面下的水首先到通气带，这是土中含有水与空气的过渡地层，深度在湖泊中是零，在其他地方可能达到数百或数千米。这个地层里面，水黏在土和岩石上，表明它有黏力。由于分子吸力而造成的孔隙里，保存的水量变动很大又很快。一场暴雨之后，通气带可能马上就出现水的过饱和状态；不一会儿可能就含水不多了；在时间很长的干燥时期，可能几乎不含水。进入这里的水，有些沉入下面几层，有些被植物吸收，有些蒸发到空中。通气带的范围到名为毛细管边缘的潮湿区为止。这个潮湿区的水是从下面的饱和带经过毛细管作用上升的。毛细管边缘的宽度随土壤孔隙的直径而不同。如果孔隙相当大，不容易把水拉上来，毛细管边缘就很窄；如果孔隙小而且是连接的，水可能爬到 2.4 米的高度。有时，毛细管边缘可以一直达到地面，但这种情形并非常见。

包括土地饱和带在内的，比较深的湿润层，是主要的水源。凿井的深度要到湿润层；泉水、河流和湖泊是湿润层在地球表面的天然露头。向下渗透的水，到了这个湿润层就不能再下去了；里面的每个细孔、裂缝和空隙都充满着水。

饱和带的顶层——它与毛细管边缘之间的界线——称为地下水面。浅水井底部闪闪发光的水就是地下水面露出的部分。在它的周围以及它的延伸部分，是同一地下水面——不论露出与否，不论在地面上或在地面下。湖泊和河流的表面也是地下水面的露出部分，在一个水文学者的眼里，湖泊和江河与地下水面混成地表形态。

地球与地下水面的关系可用把水倒入装满沙的桶来说明。水透过沙下沉，看不见了，表面很快完全干燥。如果在沙里挖一个洞像井一样，或在沙里挖一条槽和一处凹地，像河流、湖泊一样，底部都会出现水，而且洞里、沟里和凹地里的水都在同一平面上，这个平面就是沙桶的地下水面。

沙桶是蓄水层的过分简单化的模型——水透过砾石、沙土、多孔岩石或其他粗糙物质构成的蓄水层，比透过地球上的其他地方容易。蓄水层的地质很少像沙桶里的沙那样均匀一致；蓄水层里的水，由于地层中各种物质的孔隙率和粒子大小的差异，会遇到不同程度的流动阻力。结果是水以不同的速度达到它的平面，它几乎从来不会像沙桶模型中的水那样平。

地球上地下水面的变动是由地表水显示出来的，有些湖泊高于另一些湖泊。山上的溪流都是倾斜地向山下流动，必须把这些湖泊或溪流的各部分连接在一起就能发现地下水面倾斜了，地下水面的等高线反映出地上的部分地形：在山地下较高，在河谷下较低。有时候地表的平面比地下水面下降得更急，切进地下水面，揭开地下水的饱和层，因而水向外流出成为泉源。如果一片宽阔的地面倾斜到地下水面以下，就会造成一个湖或一个沼泽。穿过一个河谷的最低倾坡时，地下水面上的水是一条河流的水源。事实上，每条河的基本水流来自饱和带的泉水。例如，密西西比河的水量，基本水流占一半，另一半的来源是降水和径流。

影响地下水面等高线的因素之一是水面上的陆地等高线。在理想的地形中最能看出这种联系：一座低而倾斜平缓的小山，两侧各有一个河谷；两个河谷下面都是相同的多孔物质。雨水降落并向下渗透时，水储积在多孔物质的底层上。地下水面均匀上升像沙桶模型中那样，基本上保持平坦。到了更多的雨下降时，地下水面上升，高出基层很多，达到两个河谷最低的地方。现在，水从河谷中渗出，注入河谷里的水道。

此后，地下水流进这两条河。雨水会继续落到小山上，浸入土中，向下渗透到蓄水层——因为蓄水层现在高于谷地——并在小山两边渗出。如果从小山两边渗出的和经由水道流走的水量，恰巧等于浸入土中后渗进蓄水层中的水量，地下水面就不变，但是摩擦作用介入了，水与它穿过的裂隙产生摩擦，液体内部分子的滑动面之间，也有较小程度的摩擦。结果，水的运动阻滞，停留在小山底下的地层里。

现在地下水面不再是平的，而是向上耸起。它的最高点在小山的顶部下面，它的最低点接近河面。地下水位的斜坡类似小山的斜坡，不过没有那么陡。

岩层的透水性

地下水贮存在各种岩层里，而岩层又是由各种各样的岩石组成的。岩石是在地壳发展过程中形成的。根据生成的原因，可以把岩石分为 3 大类：火成岩、沉积岩和变质岩。

火成岩也叫岩浆岩，它是由地球内部灼热的岩浆侵入地壳或者喷出地表，慢慢冷却凝固而成的，如花岗岩、玄武岩、安山岩等都是火成岩。沉积岩是在以前的地质年代里，主要由河流、湖泊或海洋中的泥沙和溶解物质沉积固结而成的，如砂岩、页岩、石灰岩等都是沉积岩。有些较新近形成的沉积物，如卵石、砂子、黏土等，还没有胶结成为坚硬的岩石，叫做松散层。沉积岩最突出的特点是一层一层的，其中还经常含有各种生物化石。变质岩是已经生成的火成岩和沉积岩，由于受到地壳运动或岩浆侵入的影响，在

图与文

大理岩因在中国云南省大理县盛产这种岩石而得名。由碳酸盐岩经区域变质作用或接触变质作用形成，主要由方解石和白云石组成，此外含有硅灰石、滑石、透闪石、透辉石、斜长石、石英、方镁石等。具粒状变晶结构，块状（有时为条带状）构造，通常白色和灰色大理岩居多。

高温、高压等条件下，改变了原来的成分和结构而形成的另一种岩石，如片麻岩、片岩、石英岩、大理岩等都是变质岩。

有的岩石中含水多，有的岩石中含水少，这是什么缘故呢？

我们可以做这样一个试验：先把一盆水倒在砂土层上，水很快就渗下去了；再把同样一盆水倒在黏土层上，水却停积在黏土层的表面。为什么会出现截然不同的两种情况呢？

这是因为砂土层里砂子与砂子之间保留了又多又大的孔隙，所以水很容易从中向下渗透；而黏土层是由很多细小的黏土颗粒（直径多在0.005毫米以下）组成的，虽然其中也保留了很多的孔隙，但孔隙非常细小，彼此连在一起，形成了微细的毛细管，当水进入其中时，就被紧紧吸住，所以很难向下渗透。

这样看来，岩石的透水性和岩石中的孔隙大小、多少是密切相关的。如果岩石中的孔隙又多又大，透水性就好；反过来，如果孔隙又少又小，透水性就差，有时尽管孔隙很多，但由于孔隙太小，透水性还是很差。黏土就是这种情况。

一般说来，某些沉积岩如砾岩、砂岩和卵石层、砂层等，透水性都比较好；而沉积岩中的页岩和黏土层以及火成岩、变质岩等，透水性就比较差。人们把这种含在岩石孔隙中的地下水，叫做孔隙水。

是不是那些透水差的岩石就不会含水呢？不是。岩石的透水性能，除了和岩石中的孔隙大小、多少有关外，还和岩石中存在的裂隙有关。例如在地壳运动过程中，岩石会受到各种力的作用，火成岩在岩浆凝固过程中，由于体积收缩；各种

火成岩

沉积岩

岩石生成以后，由于受到日晒、风吹、雨打，都可能产生裂隙。岩石中裂隙的大小和多少，对于岩石的透水性来说，同样是非常重要的因素。正因为这样，在火成岩和变质岩地区以及其他不透水的沉积岩地区，也常常可以找到丰富的地下水。人们把这种含在岩层裂隙中的地下水，叫做裂隙水。

因为岩石透水程度不同，所以把透水性良好的岩层叫透水层；把透水性不好的岩层叫不透水层。如果透水层之下有一层相对不透水的岩层，那么透水层中就会充满了地下水，这就是含水层；而那相对不透水的岩层，则对地下水的渗透和流动起了阻隔作用，这就是隔水层。

地壳就是由透水的和不透水的各种岩层组成的一个复杂的“世界”。各个透水层和不透水层往往相间成层或彼此交错，而各个岩层的厚度及分布范围也因地而异。但是，无论地下水存在的条件多么复杂，只要我们对于一个地区的岩石特性和地层的构造等，进行认真的调查和分析，则隐藏得再严密的地下水，也还是可以被挖掘出来的。

潜水和自流水

从地面向下渗透的水，在渗透流动的过程中，如果遇到了隔水层，就把它前进的道路给堵住了，它就会聚集在这个隔水层之上。这种埋藏在地

面以下第一个隔水层上的地下水，叫做潜水。我们通常所见的地下水，多半就是潜水。

潜水和地表水一样，也有一个水面，不过它不像地表水那么平，常常随地形起伏而变化：地形高起的地方，潜水面凸起；地形低洼的地方，潜水面凹入。只是潜水面的起伏比地形的起伏要平缓些，因此在高地上潜水面距地面的深度，要比平原或低洼地段大得多。

俗话说，水往低处流。在高处的潜水，也要沿着它底部的隔水层，向低的地方流动，形成“潜水流”。如果潜水底部的隔水层是四面高、中间低的凹地，四面的潜水都向这个凹地里汇集，就形成了“潜水湖”。

在我国境内，西北部因气候干旱，潜水埋藏得都比较深，如在黄土高原上，潜水埋藏深度往往达 50 ~ 80 米；在东部长江下游各省，潜水埋藏就比较浅，一般都在 3 ~ 5 米。

有的地下水，不但底下一层是隔水层，顶上一层也是隔水层。这种夹在两个隔水层之间的地下水，叫做层间水。同一地区往往可以同时存在好几层层间水。

存在于两个隔水层之间的层间水，当全部含水层中都充满了水的时候，它就会像在自来水管中流动的水一样，具有一定的压力。人们在这种地方打井，当打穿了它上部的隔水层而出现一个“天窗”的时候，水就通过这个“天窗”

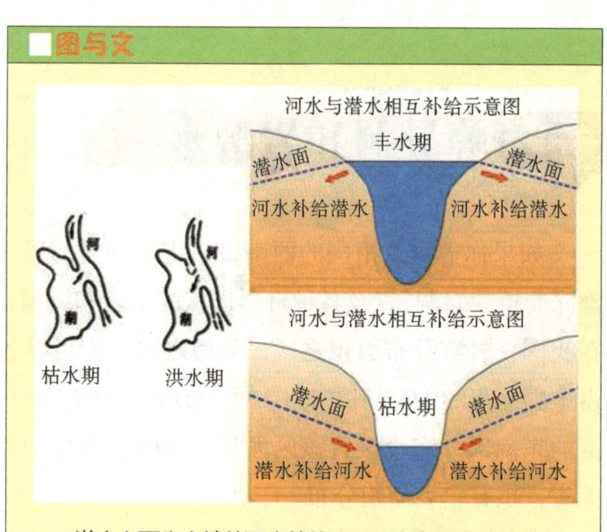

潜水主要靠当地的雨水补给，因此在潮湿多雨的季节，潜水面就会上升，有时甚至露出地面，使地面沼泽化；而在干旱少雨的季节，潜水面就会下降。有些潜水井，井底高出旱季的潜水面，这种井一到了旱季，就干涸了。

上升，甚至喷出地面，这就是通常所说的自流水或自流井。

自流井中的水，所以会自流或自喷，这是因为水的压力造成的。我们知道，城市里的自来水塔修得很高，所以在比它低的房屋里打开水龙头就会流水，在公园里还可以形成人工喷泉。自流井的道理也是这样。如果岩层都是向着一个方向倾斜的，我们在较低的地方打井，就可以打成自流井；如果岩层是从两侧向中间倾斜的，我们在适当的部位就更容易打成自流井；如果岩层是从四周向中间倾斜的，正像大盆套小盆一样，四周的地下水都向中间汇集，就成了形成自流水最理想的构造。当然，具有理想的构造，还要具有良好的含水层和充足的补给条件，才能形成自流水。

自流水由于上面有隔水层覆盖，隔绝了污染来源，水质比较好，水量也比较丰富稳定，取水时又不需要任何抽水设备，因此很受人们欢迎。这些年来，我们已经开凿了很多自流井。人们不但把自流井的水作为生活用水和工业用水，而且用它灌溉农田，战胜干旱。

奇峰异洞和岩溶水

如果你曾到过祖国的西南，一定见到过那里一座座挺拔秀丽的山峰，幽深曲折的岩洞，以及各种奇形怪状的山岩和纵横交错的石壁，这就是岩溶。在我国，岩溶分布面积之广，类型之繁，为世界各国所不及。岩溶地区约占全国面积的 1/8，其中以广西分布最广，约占该区面积的 53%，贵州及云南的东南部分布也接近该区面积的 50%，其他如湖南、湖北、四川、山东等省，也有较大面积分布。

岩溶地区的这些奇峰异洞，到底是怎样形成的呢？原来这是石灰岩受到地下水溶蚀作用的结果。石灰岩的主要成分是碳酸钙，它很容易被含有二氧化碳的水溶解，只要有含侵蚀性二氧化碳的水流在石灰岩中移动，石灰岩就可能被溶蚀。这样经过较长的时间，小的裂缝慢慢扩大成小沟，小

沟慢慢扩大成深沟，以后水又顺着垂直的裂缝向深处渗流溶蚀，就形成了挺拔秀丽的山峰和幽深曲折的岩洞。

图与文

岩溶除了在地表上形成千姿万态的奇景以外，还发育有许多地下洞穴通道，如溶洞、落水洞（垂直或倾斜、曲折的地下通道）、地下河、地下湖等。

岩溶的发育是随着深度的增加而减弱的。在靠近地表的地带，地下水运动强烈，岩溶比较发达；而地下深处，由于地下水的交替运动十分缓慢，岩溶的发育也就比较差。

岩溶水就是分布于岩溶地区的地下水。某个岩溶地区的地下水是否丰富，取决于岩溶发育的程度，溶洞、溶蚀裂隙互相沟通的情况，溶洞充填的程度和充填物的性质等等。就岩溶水的埋藏条件来说，它可以是潜水，也可以是自流水。一般说来，在厚层的石灰岩大面积出露时，常形成岩溶潜水；在易溶性岩层和非易溶性岩层交互成层时，则常形成岩溶自流水。

岩溶地区由于地表水极易渗入地下，山区岩溶潜水的埋藏深度又比较大，经常达 50 ~ 100 米，甚至可达数百米，因此在岩溶地区不仅缺地表水，而且地下水露头也少，常常出现旬日无雨便成旱的现象。湖南零陵县大庆坪，是位于湖南广西交界处的岩溶十分发育的地方。那里地面上乱石林立，地下是一个个的溶洞，洞内有湖泊暗河。大雨刚过，地面很快就出现干旱的现象，人们连吃水都很困难。党领导人们在倾盆大雨的日子里，追山洪、探水势，观察水的流向，在旱季爬高山、钻溶洞。在短短的几年时间里，勘查了 48 处溶洞，找到了很多可以开发的地下水源，并兴建了 5 个地下引水工程和 6 座地下水坝，凿通了 12 个隧洞，开挖盘山渠道，把一个“滴水贵如油”的穷山村变成了“果树满山岗，绿水绕村庄，家家电灯亮”的社会主义新农村。

凿井取水

井，无论是在古代还是现代，都是开采地下水的主要方式。我国凿井有非常悠久的历史。3 000 多年以前，我国劳动人民在他们的诗歌里，就已经有了“凿井而饮”的词句。

古老的井

可是，几千年来，广大劳动人民却守着干渴的大地，过着饥寒交迫的生活。那些分布在农田上为数不多的井，都是为奴隶主和地主的庄园、菜园服务的，它并没有给劳苦大众带来任何好处。

新中国成立以来，在党的领导下人们向干旱作斗争，凿井取水，灌溉着祖国肥沃的土地，培育着茁壮的禾苗。人们依靠集体的力量和群众的智慧，大搞水利，积极开凿水井，井的数量越来越多，农田灌溉面积也越来越大。开凿的机井有 80% 分布在北方的平原地区。在凿井开采地下水的过程中，人们注意总结经验，从而在打井工具、打井方法、打井布局和对咸淡水层的鉴别利用等方面，都有成功的创造和革新。

为了开采地下水，我们得打井，那么在什么地方打井好呢？地下水埋藏的情况，各地并不相同：有的地方地下水埋藏深度大，有的地方埋藏深度小；有的地方地下水水量多，有的地方水量少，因此人们在动手打井之前，必须先进行一番调查研究。如果盲目乱打，结果不是见不到水，就是水量

不多，白白浪费人力和物力。

地下水埋藏的深度和水量的大小，我们无法用眼睛直接观察到，但是有经验的人可以根据当地的地质构造和其他地面上的某些特征，间接推测出地下水的埋藏情况。

山区的地形条件、地质构造和岩石性质比较复杂，要弄清楚地下水的来龙去脉，必须对当地的情况进行认真分析。一般说，在山头或山坡上，不宜打井；在山脚下，特别是在四周高、中间低的“掌心地”上打井，水量往往很大。这是因为四周高地的地表水和地下水都向中心汇集，就像集中到“掌心”一样。假如地下有隔水层存在，就可能形成一个很好的地下“储水库”。

在三面环山，一面有出口的山谷中，由于各条沟谷中的地表水及地下水都汇集到谷口来，形成一股地下潜流，所以在山谷出口处，也往往有较丰富的地下水。

在山前地带打井，最好把井位选在山前洪积扇上。因为洪积扇主要是由多孔隙的砂卵石层组成的，它为地下水提供了良好的贮存条件，所以常常能找到较好的水源。根据地形找水，必须注意是否有较广的汇水面积。只有汇水面积广，地下水才有充足的补给来源。

在山区找水，应该特别注意破碎带。因为破碎带中孔隙较多，常常含有丰富的地下水；在石灰岩地区，应该特别注意裂隙和溶洞发育的情况，在多裂隙和溶洞的地方，地下水也比较丰富。在平原地区，地下水比较丰富，尤其是在历史上河流曾经流过的所谓“古河床”中以及河流泛滥的地区打井，很容易见到地下水。

根据地面上的动植物分布特点和地表的其他标志，也可以找到浅层水源。我国劳动人民在这方面积累了丰富的实践经验，一般在生长着芦苇、菖蒲、水芹、木贼、马莲、黄花、牛毛草、芨芨草、狐尾草、大叶杨和柳树等喜湿植物的地方，下面必定有地下水。有时候，我们还可以根据植物的情况，进一步判断地下水埋藏的深度以及水质的好坏。根据经验，在芦苇生长的地方，地下水埋藏深度一般不超过 3 米；而在一种叫骆驼刺的植

■图与文

芨芨草是高大多年生密丛禾草，茎直立，坚硬，须根粗壮，根径为2～3毫米，入土深达80～150厘米，根幅在160～200厘米，其上有白色毛状外菌根。喜生于地下水埋深1.5米左右的盐碱滩沙质土壤中，芨芨草生长的地方，地下水埋藏深度约为3～5米。

物生长的地方，地下水埋藏深度往往超过15米；在地面上生长着灰菜、蓬蒿、沙里旺等植物的地方，地下虽然也有水，但一般都是水质不好的所谓“苦水”。

动物之中，如青蛙、蜗牛、蛇、蚂蚁等，都喜欢栖息在潮湿的地方，因此在这些动物居住的地方打井，也容易见到地下水。

此外，我们应该注意地面上经常保持潮湿的地方，以及下雪天冰雪特别容易融化、早晚地面上经常冒水蒸气的地方，这些地方的地下水埋藏都不深。

在打井的时候，了解一下附近水井的情况，例如井的深浅、出水量的大小、水质的好坏以及含水层的情况等，是很有用处的。因为我们可以根据邻近水井的情况，推测我们将要打的这口井的情况。

利用上面这些办法，一般只能找到埋藏较浅的地下水。为了扩大水源，还必须打深井开采深层地下水，这就需要采取专门的手段，利用专门的仪器，来了解地下深处地下水埋藏的情况。最可靠的办法是通过钻探来达到目的。此外，还有一种常用的办法就是电测，即利用电流在含水层里通过快、在隔水层里通过慢的原理，从仪器上电流变化的情况，推知地下水的情况。通过电测，可以查明地质构造、地下水位、水质和含水层厚度等。这种方法操作简便，效果也好，很受群众欢迎。

打好一口井以后，我们还应该了解一下这口井的出水量。一般说来，

水井出水量的多少，与含水层的成分和厚度有关。如果含水层是砂卵石层，就比细砂、粉砂层出水多；如果含水层厚度大，就比厚度小出水多，所以在打井的时候就应当密切注意含水层的成分与厚度。

要确切地知道一口井的出水量，还必须通过抽水试验来测定。所谓抽水试验，就是利用抽水机（水泵）或水车、水桶等工具，连续从井中汲水，汲水的速度要求均匀。这样，井中的水位势必逐渐下降，开始下降速度较快，后来逐渐变慢，最后终于趋向稳定，并且保持一定的深度。这个时候的出水量，就是这口水井的最大出水量。地下水位从开始到最后下降的距离，叫抽水降深。抽水降深越小，说明水源补给充足；抽水降深越大，说明水源补给缓慢。如果一口井的涌水量大，抽水降深又小，那么这口井就可以满足较大的供水需要，灌溉更多的农田。

水井，它能出多少水，是一个固定的数字吗？能不能想办法使它多出水呢？一种方法是扩大井口的直径，也就是打大口井。无论是在松散土层上，还是在坚硬的岩石地区，如果井位选得合适，这是一种行之有效的办法。人们用这种方法开凿了许多几十米甚至上百米深的大口井，不仅解决了生活用水的需要，而且还用来灌溉农田，改变了山区的面貌。

在同一地区增加井的数量，这也是一种增加出水量的办法。究竟要打多少井好，这要根据含水层的性质来定。一般说，含水层为细砂，井距应为 100 ~ 150 米；粗砂，应为 150 ~ 200 米；卵石，应为 200 ~ 300 米。如果井位相距太近，各个井同时用水，就会互相干扰，也就是在地下发生“抢水”现象，所以必须合理开采地下水，才不致造成浪费。

另外，水井出水量的大小，也和水井本身是否穿透含水层有关。如果打井穿透含水层，井底落在隔水层上，这种井叫完整井，地下水从井壁流入井内；如果打井没有打穿含水层，井底落在含水层中间，这种井叫不完整井，地下水从井壁和井底流入井内。在同样的条件下，完整井比不完整井出水量大，所以在含水层不太厚的情况下，应该尽可能打完整井。

不过，打筒井时，一般只能挖到地下水位以下 2 米，再往深挖，施工就比较困难，成本也高了。为了打穿含水层，可以采取筒井和管井相结合的办法，也就是在筒井底部再打一个管井，人们把这种井叫做“改良井”，也叫“锥井下泉”。山西、河南、河北等省大量采用这种办法，效果很好。

如果水井四周存在丰富的含水层，可以用在筒井下部井壁上打横管的办法增加出水量，叫做“下腰井”。根据各地经验，打 4 ~ 5 根横管，水量可以增加 1 ~ 4 倍。

开挖筒井时，如果在井筒周围填上一些砾石、瓦片、炉渣、碎石等，作为滤水层，也能增加出水量。

此外，把相近的两口或两口以上的井联起来，也可以增加出水量。联井的办法有两种：一种是在两井之间挖一条沟，埋上管子；另一种是用打横管的方法从下面开通。因为联井的联通部分和几个井的本身都进水，所以水量很大，一般两口井就能抵 4 ~ 5 口井的水量。

井的常见种类

开采地下水的方法，主要是靠打井。井的种类很多，最常见的有两种：筒井和管井。

筒井和管井各有优点，所以打井前必须根据当地的具体情况和条件，作出正确的决定。一般说来，地下水埋藏较浅，同时含水丰富，适宜打筒井；地下水埋藏较深，则适宜打管井。

筒井就是普通井，也叫土井，通常都用人工开挖，人可以直接下到井底。它的口径一般为 0.7 ~ 1.0 米，有时候为了增加出水量，往往把口径扩大到 2 米以上，这就成了“大口井”。筒井大多数是圆的，纵截面一般都是上面小下面大，即“口小肚大”，这样可以防冻、防蒸发，也便于安装抽水工具，节省砌井材料，而且进水多，存水也多。

筒井不仅在平原地区可以打，在山区也可以开凿。这种井开挖的方法比较简单，成本也低，一般有十来个人用锹镐等简单工具就可以挖成。在

基岩山区打大口井比较困难，但用炸药将水层以上的岩石炸碎，取走土石，也可以打出较好的井来。

工作中的抓泥机

打井最伤脑筋的问题是遇到流沙。我国劳动人民积累了丰富的打井经验，创造了很多制止流沙的方法。一般都是预先制好一个井筒，井筒的高度比流沙层的厚度多1米左右，利用井筒的重力边挖边下沉，可以较快地穿过流沙层。采用上述方法制止流沙，应充分组织好人力，轮班作业，昼夜不停，一气呵成，同时注意不要使井筒歪斜，以免把井筒挤坏。

此外，还可以使用一种叫“抓泥机”的工具。使用抓泥机时，把它吊在井架的滑轮上，由一个人站在井口掌握指挥，另外五六个人在一旁用绳子拉动。这样做，不但加快了挖流沙的速度，同时也保证了人员的安全。

在内蒙古及东北、华北天气寒冷的地方，也可以采用所谓“打冻井”的方法战胜流沙。这种方法就是在冬天地冻以前，先挖好旱筒和风道，等封冻以后再继续挖深。旱筒就是水面以上的一部分井筒；风道就是在旱筒的西北角和东南角挖两道斜槽通道；风道口的宽度和深度由井的深度来决定，而以使井底流沙层在严冬能够冻结为原则。在封冻前井筒挖到遇见流沙时就停下来；到封冻以后，再继续挖冻结了的流沙层。就这样冻了挖、挖了冻，直到把流沙层挖穿为止。

在坚硬的岩层中开挖出来的筒井，一般不必衬砌；而在松散土层中开挖出来的井，为了保持井壁不塌，可用砖、石块砌成砖井或石井。

管井是利用钻机打出来的井，也叫机井。我国古代，就曾利用木制的设备钻井。早在公元前250年，四川劳动人民就在成都附近凿井取水煎盐，井的深度最大的达100米左右。到了唐代，盐井的数目已达640口，个别

图与文

用现代钻机打井，又快又方便，它不仅能穿透松散的土层，也能穿透坚硬的岩层。钻机的种类很多，根据当地的地质条件和打井的深度不同，可以选用不同类型的钻机。

井的深度超过了500米。对于凿井的设备和方法，在古书上都有详细的记载。过去有人认为：世界上第一个取水钻井，出现在12世纪时的法国。上面所举的事实足以证明，世界上开凿第一个取水钻井的国家不是法国，而是中国。

管井打成后，应该下管，以保护井壁。在含水层的部位，则应装上滤水管（也称花管）。滤水管通常用铁管、水泥管、硬塑料管或竹管、木管制成。管壁上有许多小孔，含水层中的水就是通过滤水管上的小孔流入管井的。在安装滤水管时，如果钻孔的孔径比较大，最好在管子的外面填上一些小砾石。如果无法填小砾石，也应在滤水管的外面包缠棕片或铜丝布，以防止土粒涌入管井，而影响出水量。

除用上述凿井的方式开采地下水以外，在一些间歇性山间河谷的狭窄地段，还可以用修筑暗坝的方式截住地下水流，然后再在暗坝两端凿井，抽水灌田。在干旱和半干旱地区，这也是一种充分利用地下水的好方法。

特殊的坎儿井

在我国新疆维吾尔自治区，气候干燥，雨水稀少，大部分地方年降水

量不足100毫米。有的地方像吐鲁番盆地，常常整个夏天也不下一滴雨。可是哈密的西瓜，吐鲁番的葡萄，却是驰名中外。这里的灌溉用水是从哪里来的呢？原来很早以前，我国劳动人民就通过生产实践，创造了一种利用地下水的特殊的井，叫“坎儿井”。

吐鲁番的葡萄熟了

在新疆，高山顶上经常堆着厚厚的白雪。每到春夏季节，积雪融化成水，沿着山坡流下来。这种雪水流到山脚的时候，大部分渗透到地下，成为地下水。人们只要沿着山坡开凿一道坎儿井，就可以巧妙地把隐藏在山脚下面的地下水，引到地面上来进行灌溉或供饮用。

坎儿井，实际上就是由许多立井和贯穿立井间的暗沟组成的地下水渠。立井又叫工作井，是出土和通风用的。当人们开凿第一个立井遇到地下水后，就顺着地下水的流向，每隔30～50米开凿一个立井，然后把井的底部沟通，凿成高约2米、宽约1米的暗沟，一直到暗沟内的水流出平地以后，再开明渠，把水引到农田灌溉。当坎儿井打好后，在立井的井口上，常堆上石块或铺上柴草，以防止水分蒸发和风沙侵袭。

冬夏有雪的天山又名雪山

图与文

由于坎儿井是顺着倾斜的山坡开凿的，因此立井越向上游越深，越向下游越浅。一道坎儿井的长度，从几百米到 10 余千米不等。往往一道坎儿井，就有几百口立井，立井的深度有时需要挖到 100 米以上。

坎儿井水量的大小，随季节而变化，同时也和坎儿井的长度及当地的地下水埋藏条件有关。每道坎儿井可灌溉农田的面积，从几十亩至几百亩不等，最大的可灌溉农田 1 500 亩。

我国第一道著名的这种构造的井，是在公元前 1 世纪时开凿成的，开凿的地点是在现今陕西大荔一带，当时取名“龙首渠”。而在新疆一带，也是很早就已大量开凿坎儿井了。

井水有苦也有甜

井里的水，虽然都是地下水，但是它们的水质却并不完全一样。通常我们见到的井，它的水一般都无色、无味、无臭。由于经过岩层的过滤，水中所含的细菌也比地表水少得多。它可以饮用，可以灌溉农田，也可以作为工业用水。也有一些井，它的水很苦。我们要是喝一口，就像海水的味道，觉得难以下咽；要是拿它去浇地，地面上往往会出现一层白色的东西；拿它放在锅里煮，也往往在锅底留下一层白色的东西。这白色的东西是什么呢？你一定猜到了，就是各种盐类。

由于井水的水质不同，人们给它起了不同的名字：前一种叫“淡水井”，也叫“甜水井”；后一种叫“咸水井”，也叫“苦水井”。

地下水的水质所以不同，是由于水里面所含的物质不同。要想了解地

下水中究竟含有什么物质，这些物质有多少，需要通过化学分析，才能清楚。根据化学分析资料，一般地下水中经常含有10种以上的物质，但主要的成分不外乎是碳酸盐、硫酸盐、氯化物等几种盐类。当水中含有大量氯化物（氯化钠、氯化钾）时，水就有咸味；含有大量硫酸盐（石膏、芒硝）时，水就有苦味；如果水中含的以碳酸盐为主，而硫酸盐、氯化物都不多时，水就有甜味。

地下水中的碳酸盐、硫酸盐和氯化物等盐类，是从哪里来的呢？原来地下水在地下流动，当流过不同性质的岩层时，就将岩石中某些可溶解物质带到水中去了。如地下水流经石灰岩的岩层时，就会含有比较多的碳酸盐；流经含石膏、芒硝的岩层时，就会含有比较多的硫酸盐；流经岩盐或其他含盐岩层时，就会含有比较多的氯化物。

地下水中含盐数量的多少，主要取决于当地有没有可溶的岩层，同时也和地下水的补给、交替情况有关。如果地下水流动快，所溶解的盐类不断被带走，而新的水又流过来补充，水中所含盐类也就不多。在干旱地区，那里降水量小，蒸发量大，如果地下水埋藏浅，流动缓慢，地下水中所溶解的盐类不能及时带走，日积月累，盐分也会不断增多。

我们日常应用的水，不管是饮用还是灌溉，含盐数量过多，都是不好的。一般饮用水的含盐量，每升水中应少于1克；灌溉用水的含盐量，每升应少于1.7克，最多也不要超过3克。如果用了含盐量过多的水灌溉，不但庄稼的生长受到影响，土地也将逐渐产生盐渍化现象，使作物产量逐年降低，甚至无法耕种。

盐渍化的土地

那些含盐多的“咸水”和“苦水”，是不是就没有用了呢？不，“咸水”和“苦水”也是很珍贵的宝藏。正如前面已经提到过的，我国四川省的劳动人民，早在 2 000 多年以前，就凿井从地下汲取盐水，熬煮所谓“井盐”。井盐不但保证了四川、贵州、云南等省几千万人民的食用需要，同时还在生产井盐的过程中，得到了钾、硼、溴、碘等好几种很有用处的副产品。

近年来，我国某些地区还开凿肥水井，从地下汲取肥水进行灌溉。所谓肥水，也有人叫它“壮水”、“茅缸水”，它是含有一定数量氮素肥料的地下水。用肥水灌溉，既是浇地，又是施肥，真是一举两得的事。据河南省的资料，用肥水浇小麦、玉米、谷子、水稻，能使产量增加三至五成，有的增加到一倍以上，用肥水浇棉花、蔬菜、高粱，也能大幅度增产。

肥水最早发现于我国北方的一些地区，有的地方利用肥水灌溉，已有几十年甚至上百年的历史。新中国成立后，广大人民自力更生，奋发图强，大搞开发、利用肥水资源的群众运动，在陕西、河南、山东、山西、河北、吉林、安徽、广东等许多地方，都先后找到了分布广、储量大、质量好的肥水。据调查，在陕西关中的 17 个县（市），大部分地方都有肥水贮藏，肥水的含氮量一般都在 15 度至 100 度。河南省温县城内有一口肥水井，含氮量为 960 度，含钾量为 1 480 度，即相当每立方米水中含硫酸铵 4.8 千克和硫酸钾 3.1 千克；山东省莱阳县有一口 7 米深的机井，可灌溉 350 亩地，井水含氮量为 40 度，每年从这口井中取出的氮素，相当于 11 500 千克的硫酸铵。打成这样一口肥水井，就等于建成一个小型的化肥厂。

图与文

油页岩是一种富含有机质、具有微细层理、可以燃烧的细粒沉积岩。油页岩中有机质的绝大部分是不溶于普通有机溶剂的成油物质，俗称“油母”，因此油页岩又称“油母页岩”。油页岩是一种能源矿产，属于低热值固态化石燃料，可燃性矿物质之一。

肥水是由人畜的粪便、污水、污物、

作物的秸秆等有机物，经微生物分解、腐烂成为氮素，并随水渗流到地下，在一定的地层中逐渐积聚，再溶解于地下水而形成的。它往往呈不连续的点状或片状，分布在人畜经常活动的城镇、村落及其附近地带，而且城镇、村落的历史越久，范围越大，肥水分布的面积也越广，含氮量也越高。此外，在地下存在着硝土、黑土、泥炭、油母页岩等含肥地层的地区，由于地下水与含肥地层作用，也往往形成肥水。

在打肥水井时，必须先查明肥水含水层的分布范围和埋藏深度，并注意不要把它下面的隔水层打穿，否则隔水层下面的水源源上涌，肥水中氮的浓度就要降低，它的肥效也就差了。

清泉何处来

清泉来自何处？埋藏在地底下的地下水，可以通过人工开挖的水井被揭露出来，也有不经人工开挖自行出露地面的，这种地下水的天然露头，就是泉。

不明白泉的成因的人，往往把泉水叫做“龙水”，说那是伏在地下的龙吐出来的水。一般人虽然知道泉水是涌出地面的地下水，但是也不免感到奇怪。为什么地下水会自己涌到地面上来呢？

地下水所以会从地下自行出露地面，常常和当地的地质构造条件有关。有的泉是由于含水层之下有隔水层，它们的接触面通到了地面，或者是含水层被不透水的火成岩体所阻，于是地下水就沿着接触面流出地面；有的泉是由于断层的发生，使倾斜的含水层被不透水层所阻，挡住了地下水的去路，于是就沿着断层破碎带溢出地面；有的泉则是地下水沿着岩石的裂隙溢出地面的结果。

总之，只要在地下水流动的过程中，遇到通往地面的“道路”，它就将出头露面，跑到地面上来。在地形变化比较显著的地方，像山坡上、山

济南的趵突泉

区和平原交界的地方，以及平原上被河流或冲沟切割的地方，都常常见到泉。

我国地质条件复杂，几乎到处都有泉。济南向称“泉都”，就是一个以泉水出名的地方。传说那里有72泉，其实何止此数！其中最著名的是趵突泉，喷出的水柱有1米高，涌水量每昼夜达7万吨。其他如黑虎泉、珍珠泉、橘泉等的涌水量也很可观。估计济南各泉总涌水量，每昼夜当在30万吨以上。

济南这么多泉水，究竟来自何处？经过近几年的调查研究，认为这里泉水的形成和千佛山有关。千佛山高踞城南，是由石灰岩构成的。这些石灰岩地层大致都向北倾斜，所以来自千佛山的地下水，也就沿着石灰岩的裂隙由南向北流动，然后涌出地面，形成众多的泉水。根据千佛山一带有许多溶洞，如佛峪、龙洞等，可以推想在地面以下也很可能有一些溶洞，而这些溶洞正好起了地下“蓄水池”的作用，使泉水终年不断地流出，保持水量均衡。

北京玉泉

此外，在石灰岩中和它的下面，还有许多不透水的火成岩侵入体，起了阻挡地下水流的作用，一方面抬高水位，对泉的形成是有利条件；一方面形

成深层承压水，对打自流井也是有利条件。

除了济南，北京玉泉山的“天下第一泉”、杭州的虎跑泉、无锡的惠山泉等，都是我国著名的泉。

泉水大多数是淡水，水质一般都很好。它可以作为生活用水，也可以作为灌溉用水。我国有一些城市的自来水厂，就设在有泉水的地方，以便就近汲取泉水，作为自来水的水源。

泉的成因是多种多样的，它的水温也有千差万别。有些泉所在的地方，经常热气腾腾，泉水的温度超过了当地年平均气温，这就是温泉了。按照我国的情况，华北地区超过 15℃，华南地区超过 25℃的泉水，就是温泉。泉水的温度如果超过 50℃，就是高温温泉了。

温泉的水，不论春夏秋冬，总是保持一定的温度，所以我国自古以来，形容温泉就有“冬夏常温”、“四时如汤”一类的话。

温泉为什么是温的呢？下过矿井的人都知道，矿井里的温度要比地面上高一些，这是因为越是深入地下，温度也就越高。根据测定，除了地表大约 10 米厚的一层——常温层，经常保持和当地年平均气温相近以外，大约每深入地下 100 米，温度就要增加 3℃左右。这样，在 2 000 米深的地方，温度就可以高出地面 60℃，所以埋藏较深的地下水，由于受了地热的作用，水温也会升高，它如果沿着地壳断裂带流出地面，就成了温泉。我国许多著名的温泉，如陕西临潼的骊山温泉（也就是华清池），南京附近的汤山温泉，重庆附近的南温泉，辽宁鞍山的汤岗子温泉，就是这样形成的。

另外，还有一些温泉，是在火山附近受到岩浆活动的影响而形成的。这是因为在火山活动的地区，炽热的岩浆能够使周围地层里的水温度升高，甚至化成水汽。这些水汽的压力很大，如果遇到岩层中的裂隙，就乘机上升；当温度下降到气化点以后，就凝结为水。这种水聚集起来，如果沿着地层中的裂隙上升到地面，就形成了温泉。这种温泉常分布在近代火山活动比较剧烈的地区，如我国吉林长白山和黑龙江五大连池附近的温泉，云南腾冲附近的温泉，以及台湾台北大屯火山群附近的许多温泉，都是这样

腾冲温泉

形成的。

在我国广大的土地上，分布着许多温泉。早在2 000多年前，就有关于温泉的记载。到明末清初的史书中，已记载了温泉500多处。根据近年来的不完全统计，我国已发现的温泉（包括少数钻孔）约有1 900多处。

我国温泉分布最多的地方是在东南沿海山地，仅广东、福建、台湾3省就有500多处，其中台湾省屏东县有一处温泉，水温达140℃，是我国已发现的水温最高的温泉。云南省中部和西部，也是一个温泉较集中的分布区，如著名的腾冲温泉，出露地点达50多处。

我国温泉还较集中地分布在湖南、湖北、江西、山东、辽宁、河北和内蒙等地。在太行山、吕梁山、四川盆地、柴达木盆地、天山、昆仑山、长白山、大兴安岭，也都有大量的温泉。

在雅鲁藏布江以北的山区，还存在一种每隔一定时间就喷发一次的间歇喷发温泉，当喷发剧烈时，地下发出隆隆响声，灼热的泉水喷向高空，水沫四溅，顷刻间在空中出现了五颜六色的水花此起彼落，真是天地间一大奇观。

温泉的分布并不是杂乱无章的，主要

图与文

在巍峨而又寒冷的世界屋脊——青藏高原上，也有许多温泉。在那皑皑如银的冰川雪山中，往往有炽热的温泉散发着热气，如在拉萨附近，有的温泉冒出的水柱有2 ~ 3米高，远远就可以望见。

分布在地壳活动比较剧烈的某些构造带附近，如我国东部沿海一带，就有许多断裂，所以成为我国温泉集中出露的地区。

保护地下水源

地下水是工业用水、灌溉用水和生活用水的重要水源。由于它在地层中经过天然的过滤作用，一般说来水质要比地表水干净得多，但是如果不注意防护，地下水和地表水一样，也可能遭到污染，使水质恶化。

地下水埋藏在地下，它怎么会被污染呢？在工矿企业集中的地区，每天都会排放大量的工业废水、废渣和废气（简称“三废”）。在工业废水中，往往含有酚、氰、砷、汞、铬、苯、醛、磷、农药、氯苯、洗涤剂、油类、硝基化合物、酸、碱等各种有害物质，如果不加处理就排入河流或贮存在渗水池、人工污水库内，不仅会污染地表水，而且会渗入地下，使地下水遭到污染。此外，还有大量的生活污水，往往含有细菌、病毒及寄生虫等，也同样可以污染地表水和地下水。各种工业废渣、矿渣、垃圾等，如果处理不当，其中有害物质经雨水淋滤，也很容易渗入地下，使地下水受到污染。那些排到空气中的废气，由于含有烟尘及二氧化硫、一氧化碳、二氧化碳、二氧化氮等有害气体，不但直接污染空气，而且经雨水淋洗，汇入地表水体或渗入地下，造成水质恶化。

被严重污染的水

在利用污水灌溉农田的地区，如果管理不当，或对灌渠没有采取必要的防渗措施，也会污染地下水，影响附近水井的水质。不适当地大量施用化肥和农药，特别是分解缓慢、积累性中毒的农药，它们经过雨水淋滤或农田排水而渗入地下，也将对地下水造成不利的影响。

有隔水层保护的深层承压地下水，通常要比浅层地下水干净得多，但也不是绝对的。事实证明，当深层水的隔水层被破坏后（如被污水渗入或深井井壁渗漏等），深层水仍然会遭到污染。特别是在一定的人为条件下，例如不当地大量开采深层地下水，致使承压水位大幅度下降，往往会使上面易污染或已污染的浅层水与下面深层含水层沟通起来，而使深层水质受到污染。在滨海地区，由于大量开采地下水，还会使地下水位下降，形成海水倒灌，导致水质恶化。

地下水是许多城市和农村生活用水的主要水源，因此地下水受到污染后，首先就会影响人民的身体健康。例如，饮用水中如果含有一定量的酚、氰、汞、铬、砷、铅、镉、氟以及“滴滴涕”、“六六六”等有害物质，都能对人体造成一定的危害，甚至威胁生命。

水污染威胁着人类的健康

工业上用的地下水，水质如果恶化，对工业将造成严重影响。例如水的硬度增高对锅炉不利，可以加速锅炉结垢，增加煤耗，并有引起锅炉爆炸的危险；对于洗染、酿酒等工业，也有不良的影响。水中的一些有害物质，对于造纸、纺织、食品等工业，也是不利的。

水质污染对于农业的影响也

很显著。水里含有某些成分，往往对农作物的生长不利。我国科研机构曾经做过这样的试验：用石油化工厂产生的含酸废水浇灌水稻。试验结果表明，水里的含酸量每升达到50毫克时，对水稻的生长发育就会产生危害；含酸量越高，水稻就长不好，不仅分蘖少，茎秆也矮，因而大大减产。用含有汞、镉、硒等元素的地下水浇灌农田时，这些元素可以在作物中高度积累，当人们食用之后，对人体造成危害。

水质污染还会严重地影响水产资源。例如，用制造有机磷农药产生的废水做养鱼试验，发现鱼的骨骼弯曲、扭转或粘连，不能正常成长。又如用制糖厂或食品厂的废水做试验，虽然这种废水本身没有毒性，但是里面含有很多有机物质，会使水中的微生物不断繁殖，大量消耗水中的氧，导致水中氧气缺乏，使鱼大量死亡。

一个地区的地下水被污染的程度和范围，往往因地质条件不同而有很大差异。例如，有些地方地表上覆盖的是透水性强的砂卵石层，地下水就很容易受到污染；有些地方地表上覆盖的是起隔水作用的黏土层，这样就形成了防止地下水污染的保护层，保护层越厚，地下水越不容易受到污染。至于被污染的水的扩散范围的大小，则与污染物质的种类、性质，地层的结构、性质，地下水的埋藏、运动等条件及其相互作用有关。

防止地下水污染，是当前环境保护工作中非常重要的一环。在开展这项工作时，必须在各级党委的领导下，发动群众，认真查明污染来源、污染途径、有害物质成分、污染范围、污染程度、污染历史、污染危害等等；认真搞好“三废”的治理，做到综合利用、化害为利、变废为宝；对可能污染水源的废水、废渣，必须认真处理，以保证水源不受污染。在勘探一个新水源地时，应从防

图与文

水质污染对许多方面都有很大的危害，因此，采取各种措施保护地下水源，成为了一个非常重要的课题。

止污染的角度，提出水源合理规划布局的意见，提出卫生防护条件与防护措施。对容易造成污染危害的工厂，如化工、石油、电镀、冶金等厂，应建议尽量布置在城市下风地带及水源地下游；对有严重危害的地下污水库或地表污水库，应采取防渗及净化措施，或迁移到条件适宜的地方去。

特别需要指出的是，在防止水源污染方面必须贯彻“预防为主”的方针，因此必须首先采用工艺改革、综合利用、积极治理的措施，消除或减轻污染来源；其次应注意切断污染的途径，这不但在经济上是合理的，在技术上也是容易办到的。

第三章

走进两极的冰雪世界

北极是一个被大陆围绕的海洋盆地，它位于地球的最北端；南极是一个被大洋环绕的大陆，它位于地球的最南端。北极地区是指北极附近北纬66° 34′北极圈以内的地区，北极地区的气候终年寒冷。北冰洋是一片浩瀚的冰封海洋，周围是众多的岛屿以及北美洲和亚洲北部的沿海地区。南极和北极都很寒冷，但是在南极的气候却要比北极恶劣得多。南极享有“世界冷极”、“世界风极”的极端称号。尤其是它的气温，南极的年平均气温为 -50℃，而北极的年平均气温则要高得多，为 -18℃。同处地球两端，为什么南极的气温比北极低这么多呢？一起走进两极的冰雪世界，解答你的各种疑问吧！

被冰层覆盖的大洋

20世纪20年代以前，人们认为北极极心地区是大片陆地。1926年，挪威探险家阿蒙森乘飞机把挪威国旗空投到了北极的极心，表示挪威政府对这块“陆地”拥有了主权。同一年，美国和意大利也仿效这种做法，各自都向极心投下了本国的国旗。资本主义列强在世界上抢占殖民地的扩张活动，也波及到了北极的极心地区。由于三国的争夺，因而出现了三国共有的主张。

奇异的北极

好梦不长，频繁的极地探险活动，揭开了北极的秘密。原来，北极的中心地区根本不是陆地，而是被冰层覆盖着的大洋。按照国际法规定：一切大洋、大海都属于公海，都是没有国籍的中立地带，所以喧嚣一时的三国共有的

图与文

北冰洋是一个被陆地围绕、相对孤立的大洋。北冰洋的面积约1 310万平方千米，占世界海洋总面积的3.65%，仅相当于太平洋面积的7.4%。北冰洋的平均深度1 296米，最大深度5 449米，是个很深很深的大洋盆地。

主张变成了离奇的历史笑谈。

打开世界地图，你会发现：北极圈以内，除了周围众多的岛屿和四周环绕着的大陆边缘以外，冰雪覆盖的极心地区都是海洋，人们称它为北冰洋，并以“陆封海、冰盖洋”这6个字来概括北冰洋的特点。

北冰洋，除了在格陵兰岛和斯瓦巴德群岛之间，有与大西洋相连的通道以外，几乎与世界大洋隔绝。尽管有巴伦支海、加拿大多岛海区和白令海峡等这些通道，但是这些通道都很浅，宛如小小的豁口，因而大大地限制了北冰洋同其他大洋之间的海水交换和航行。

“梨”的两端

如果问：“地球是什么形状的？”或许你会脱口而出地回答：“从‘阿波罗’飞船拍回的地球照片看，它是挺圆挺圆的大圆球！”

这个回答不完全正确。地球是个球体，但并不是一个圆球。人造地球卫星问世以后，随着遥测技术的发展，人们得出了对地球的新认识。

地球既不是很圆的大圆球，也不是一个简单的椭球状的球体，而是一个一端微微凸起，另一端却又凹了进去的扁球体。夸大一些来讲，它很像一个扁球状的“梨”。

其中，凹入的一端，相当于梨的底盘，位于南极，那里是南极大陆，它比椭球面大约凹进去了30米。凸起来的一端，相当于梨把，正在北极地区，处于前面提到过的冰层覆盖着的北冰洋海盆中心地带，它比椭球面高出10多米。

有人会问：为什么凸起来的部分是低洼的北冰洋海盆？凹进去的那部分却是高出海面的大陆呢？

是不是冰层表面给人的错觉呢？实际上，经过测量，北冰洋冰层表面的海拔是1米；而冰雪覆盖的南极大陆平均海拔却高达2 350米，因此按冰盖表面海拔来说，南极比北极要高 2 349 米，还是南极高。

会不会冰盖下的岩石地面，北极的比南极的高呢？事实上，北极岩石地面低于海面 4 300 米，南极岩石地面高出海面 34 米。一高一低，两个相差竟有 4 334 米。

高的极地——南极，位于地球凹入的一端，低洼的北极反而身居地球微微凸起的一端。这一现象该如何解释呢？造成这种状况的原因，至今仍是个谜。它在召唤你去揭开其中的奥秘！

地球的南极和北极，分立于地球的南、北两端。北极和南极，都是地球上终年冰雪覆盖的地区，都有极昼极夜的自然现象，都能见到极光奇景……可是北极和南极之间，又有许多完全不相同的地方。

北极地区是大陆围绕着的海洋，南极地区则是被大洋环绕着的陆地。北极地区的年平均气温是 -18℃，南极地区则为 -50℃。北极地区比南极地区的平均气温高 32℃。北极地区的范围，很好辨认：越过树木或灌木能够正常生长的最北边界，就进入了北极圈。南极圈就没有明显的直观标界，只好用地理纬度来衡量。欧洲、亚洲和北美洲大陆的北部都伸进了北极圈以里，北极圈内还有许许多多的岛屿。这就使得北极圈内有着广阔的海滩和浅海大陆架。有众多的陆地河流流进北极地区，注入北冰洋，使北冰洋海水的盐度，略低于正常海水。严寒的气候使北极圈内存在着永不消融的冻土。这种永久冻土的厚度竟有 500 米厚。

在南极，能够找到的现存植物，只不过是一些地衣、苔藓类和藻类，可以说南极大陆是一块寒冷的不毛之地。比较之下，北极地区就大不相同了，甚至在北纬 82° 的格陵兰北部，仍然生长着 90 种有花植物。

图与文

北极生存着一些陆地上的和海洋里的哺乳动物，鸟类也比南极多 88 种。所以，北极地区的生物资源比南极地区要丰富得多。

北极地区与南极

地区比较起来，有以上这些得天独厚的条件和自然资源，这就给人类在这个地区活动提供了一定方便与可能。

开辟海上航线

在富兰克林探险队遇难之后，不少极地探险家仍在继续探索着通向“东方”的海上捷径。第一个打通北极西北航线的是挪威极地探险家阿蒙森。1903 年 6 月，阿蒙森率领一支探险队，乘坐一艘叫“约阿”号、载重只有 47 吨的旧船，从挪威出发向西航行。横穿大西洋之后，沿格陵兰岛西海岸向北，经过巴芬湾，又转舵向西进入兰开斯特海峡，在萨默塞特岛西岸拐向南行，绕过威廉岛，沿维多利亚岛南岸西进，再驶进阿蒙森湾波弗特海。1906 年 8 月，“约阿”号穿过白令海峡进入太平洋；10 月到达美国西部太平洋沿岸的旧金山。航行途中，“约阿”号曾多次被浮冰围困，但是船员们克服了重重困难，经过 3 年多的努力，终于成功地完成了西北航线的探险。

挪威极地探险家阿蒙森

但是，在这条航线上航行是十分艰险的，需要穿过众多的岛屿、海峡、浮冰，尤其是那些高大的冰山更给航行造成巨大的困难，因此西北航线的定期航行至今仍然未能实现。

在北冰洋航行的最大障碍是厚厚的冰层和漂浮在海中的巨大冰山。能不能制造一种破冰前进的船呢？这种船已经造出来了，这就是破冰船。

图与文

破冰船的船身由坚固的钢板制成，船头高高抬起，遇到海冰阻拦时，船的前半部爬到冰面上，依靠船体的重量，把冰层压垮，冰层的裂口一直向前延伸，在冰层上硬开出一条水路来。

1914—1915 年，俄国人维利基茨基率领“泰梅尔”号和“瓦加奇”号破冰船，从俄国东南部的符拉迪沃斯托克（海参崴）向北，穿过白令海峡，再向西沿亚洲北部的北冰洋水域到达俄国西北部的阿尔汉格尔斯克，第一次成功地打通了北极东北航路。

十月革命胜利以后，苏联政府更为重视东北航线的通航工作。1918 年，列宁明确指出，要加强北冰洋航道的水文研究。苏联很快使东北航线胜利通航，并于 30 年代建立了由十几艘破冰船组成的船队，专门保障东北航线的畅通和航线上船只航行的安全。1959 年 9 月，苏联又建造了第一代核动力破冰船——“列宁”号。核动力破冰船具有续航力强，破冰能力强的优点。

现在，从俄罗斯西北的摩尔曼斯克港开始，沿亚洲北部北冰洋海域向东，穿过白令海峡，可以直达符拉迪沃斯托克。这条航线，人们习惯上简称为北冰洋航线，全长 9 500 千米。

北冰洋航线的开辟，实现了北极航海家们多年的愿望，也大大缩短了亚洲东部和欧洲西部之间海上航线的距离。比如，从我国大连取道苏伊士运河到英国伦敦的话，大约有 22 000 多千米；而穿过白令海峡，取道北冰洋航线，到伦敦仅有 12 000 多千米，缩短了 10 000 千米的航程。

北冰洋航线在军事上有着重要的地位。俄罗斯的北方舰队，就是通过这条航线与太平洋舰队联结成一体的。这条航线也是俄罗斯一条重要的海上运输线。有人估计，北冰洋航线在 20 世纪 70 年代初，年货运量有 300 多万吨，约占全国海运总量的 2%。

水下和空中航线

北冰洋上那大片厚厚的冰层，即使有破冰船当先锋，也只能在每年的6月到8月之间通航，通航季节很短，那么能不能在冰层下面航行呢？

1958年，美国核潜艇“魟鱼”号，首先进行了冰下航行的尝试。第一次试航时，由于冰山阻碍，被迫返回。第二次航行，才顺利地通过了北冰洋水域。“魟鱼”号的试航，发现冰下航行比冰上航行具有更大的优越性，可以不受气候、季节、风浪、浮冰的影响，潜艇航行非常平稳，而且水下航行阻力小，航速快，节省燃料。

1959年，美国的另外两艘核潜艇“鳐鱼”号和“鹦鹉螺”号，也成功地从冰下通过了北冰洋水域。“鳐鱼”号还多次破冰而出，浮到冰面上。在核潜艇试航成功的启示下，人们又着手设计潜水商船了。

20世纪60年代，在北冰洋海域石油的吸引下，日本三菱公司特地设计了两种专门运输石油的潜水核动力油轮。设计中的潜水油轮有180米长，排水量48 200吨，核动力主机功率44 000马力，载重量30 000吨。可是，该油轮至今仍未动工建造。可以预料，一旦潜水商船诞生，北冰洋海下新航线也将随之繁忙起来。

“鹦鹉螺”号核潜艇

北冰洋海上航线是从海上联系欧、亚、美三大

■图与文

北极科学漂流站是不固定的，随着浮冰漂流。为了长期对北极中心地区进行科学研究，前苏联在北极相继建立了一个又一个浮冰科学漂流站，以便对北极的自然环境进行全面深入的考察和研究。

陆的捷径，北极空中航线又是联系三大洲的空中捷径。

但是，极地上空，风云变幻莫测。飞机在这种气候条件下飞行，随时都有遇上暴风雪袭击的危险，强大的气流常使飞机上下颠簸，所以在北极上空飞行，也同样会遭遇道道险关。

1957 年，第一条经北极上空的国际空中航线通航。从日本东京到丹麦首都哥本哈根的航程，由原来 15 600 多千米，一下被缩短到 12 900 多千米。北极航空线的开通，使欧洲和远东的空中联系更为便捷，许多国家的飞机现已飞行在北极航空线上。

探险的时代已经结束，但是对北极地区的科学考察还在继续深入进行着。1937 年 5 月，前苏联科学家施密特率领由 34 名各方面专家组成的科学考察队，分乘 4 架飞机安全降落在北纬 83°26′、西经 78°40′ 的冰块上。在那里建立了第一个北极科学漂流站，取名为“北极—l”。从此，开始了对北极地区系统的科学考察。

变色海水和多彩的冰雪

北极地区，在长达几个月、甚至半年之久的极夜里，见不到一点阳光，寒冷异常，到处覆盖着洁白如玉的冰雪。

到了北极的“夏季”，太阳虽然只是在离地平线不高的地方转悠，阳

光又斜又弱，但白昼很长，是人们进行探险活动的大好时节。

行驶在北冰洋上进行极地探险的航船，有时会看到一片片与周围颜色不同的海水，有草绿色的，棕褐色的……

这些变色海水的面积并不大，小的仅有几平方米，大的也不过几百平方米。可是，在蔚蓝的海洋中为什么会有这一片片变色的海水呢？

不仅海水会变色，在北极地区的冰山、雪海里，还能看到黄色、褐色……各种各样色彩的海冰，红、黄、青、黑、橙等色彩缤纷的彩雪。如果能够把它们汇集起来，真可以说是五颜六色！

在那洁白浩瀚、一望无垠的北极地区，在那万顷晶莹的世界里，色彩缤纷的海水、海冰和雪，为这单调的白色世界增添了光彩。

冰雪皑皑的北极地区，为什么有这些点缀着它的彩色斑点呢？彩绘它们的天工巧匠是谁呢？

经过探险家们的艰辛劳动，终于找出了绘制彩色冰雪的天工巧匠们——海藻、地衣、鸟粪、岩屑……

不同颜色的藻类，生长在海里，就会使海水呈现出不同的色彩；有时它们生长在冰面的融冰水里，融冰水再冻结，冰也会映出藻类的颜色；同样藻类生长在雪面上，雪也会变色。

适应了北极恶劣环境的藻类，具有耐寒、抗寒的能力，在冰天雪地里照样能生长繁殖。北极的“夏季”，冰雪表面上覆盖着薄薄一层冰雪融解而成的淡水，这就是藻类生长的“水塘”。海洋里则是水藻类生长的地方。

此外，一些低等植物如地衣，以及岩石的碎屑，有时也能

图与文

海藻是一种肉眼看不见的单细胞植物。夏季，我们可以看到，一些水池、坑塘里的水常常是绿色的，除去青苔，水还是绿色的，这就是绿色淡水藻类把水映成的颜色。

地 衣

使雪映成黑色或橙色。

有一种海鸟常常到一定的地点停歇，它的粪便颜色发红，因此成片的鸟粪会使白雪变成红雪。其实，并不是雪的颜色变了，而是雪上盖了一层红色的鸟粪。

在北冰洋中航行时，彩色的冰雪毕竟是不可多遇的现象，而航行时经常见到的，却是那些浮冰、冰山，以及被人误以为是岛屿的巨大冰山。

碧海玉山

北冰洋中部，除去千里冰封、万年积雪的冰盖，有没有陆地呢？这个问题，不知吸引了多少探险家到北冰洋探险、考察，希望哥伦布发现新大陆的奇迹能够重演。

18—19世纪，不断传出有人在北冰洋发现“大片陆地”和“岛屿”的消息。

1743年，有位名叫安德烈耶夫的俄国探险家，在东西伯利亚的科累马河河口附近，发现了一个“大岛”。为了纪念自己的发现，他把这个“大岛”命名为“安德烈耶夫地”。

类似于安德烈耶夫的这种“新发现”相继出现了许多许多。究竟这些“新发现”的“岛屿”是否存在呢？重新派人去寻找时，结果却找不到这些岛屿了。这成了一个不解之谜。

直到20世纪初，这个谜才被逐步解开。特别是近几十年，对浮冰和极

地进行的海空联合考察，肯定了这些“新发现”的“岛屿”是根本不存在的。那么，上面的这些“新发现”纯系伪造，还是事出有因呢？

图与文

北冰洋上有大量的冰山。这些冰山，形状奇特，千姿百态，有的尖削陡峭，有的宛如平台……峥嵘突兀，洁白耀眼。远远看去，有如拔海而起的玉山。在北极的“夏季”，大洋上万顷碧波，浪花拍打着冰山山脚，显得格外好看，真称得上是碧海玉山。

原来，真的事出有因。由于北极地区的许多岛屿上都是一片白茫茫的冰雪，所以人们错把被冰雪覆盖的巨大冰山也当成了“岛屿”。

冰山有大有小，小的面积不足1平方千米；大的有几百平方千米，，远远看去真如海岛一般。1946年发现的“北极冰岛T—1号”冰山，厚60米，面积约有360平方千米。直到1963年还能找到它。1948年，前苏联飞行员在北冰洋上空，还看到了一座巨大的冰山，这座冰山长32千米，宽28千米。冰山四周有高达七八米的小冰山群。

冰山漂泊在海上，它的故乡在哪儿？长期考察发现，冰山来自北极区域的一些岛屿。这些岛屿，由于年平均气温在0℃以下，万年不化的积雪逐渐变成了深厚的冰川。冰川的前部，叫做冰舌。冰舌滑向海面，经过长年风浪冲击，便脱离冰川，坠落到海里。如此硕大的冰块，随波逐流，漂移在海上，就形成了冰山。

北极冰川

一条冰川的冰舌坠落到海里只能形成一座冰山，为什么海上有许多冰山呢？北极有冰川的海岛，知名的就有10来个，况且一个海岛上又不是只有一条冰川。冰川不断地崩坠，形成一座又一座冰山。一座冰山要在海上漂流许多年，轻易不会融化掉，所以北冰洋里就有许许多多的冰山了。

冰山的寿命有长有短，长的大于11年，一般的4年左右。寿命这么长，使有些冰山在逐渐漂移的过程中可以到达极圈以外很远很远的地方。比如1972年，从2月19日到9月4日，向南漂移的冰山就有1 589座越过了北纬48° 线。

20世纪70年代以来，北美洲东北部气候变冷，使南下的冰山比1946—1971年期间平均每年的208座，猛增了7倍。冰山前进的最远距离，比往年南移了400千米。

冰山是在海上活动的暂时的“岛屿”。人们常在巨大的冰山上建立漂流考察站，进行北极考察。

1973年9月13日，前苏联建立了“北极—22”漂流站。4年后，这块长5千米、宽2 500千米、厚25米的大冰块，漂移到离加拿大伊丽莎白群岛不远的海域。但是，冰山在海上漂移，常常会造成撞船事故，所以有人说冰山是沉船祸首。

20世纪初，美国耗费巨资，建造了一艘当时世界上最大的游轮，叫“泰坦尼克”号。“泰坦尼克”服役后的首次航行，抵达了英国的南安普顿。1912年在返航纽约的途中，行驶在北大西洋航线上，4月14日到达格陵兰以南2 200千米的海面。忽然，船身猛地一抖，很快地沉没了。原来是撞上了冰山周围伸展出来的“冰暗礁”，结果船上1 517人，全部葬身于大海。

“泰坦尼克”号豪华游轮老照片

“泰坦尼克”号的遭遇，在航海史上绝非仅有。仅在加拿大东北部纽芬兰岛附近

的海面上，从1870年到1890年的20年中，因撞上冰山而沉没的就有14艘轮船，撞伤的有40多艘。即或装有现代化的雷达，船只也不一定就能避免撞上冰山。因为冰山露在海面以上的部分，只有它本身真正大小的1/7左右，而在海面以下，冰山向周围伸展出巨大的水下“冰暗礁”，所以轮船往往在距“水上冰山”很远的地方，就进入了冰山的“势力范围”，以至毫无准备，突然相撞。

为了避免冰山沉船事故，国际上还召开了“海上人身安全会议”，并决定成立国际海上冰山巡逻队，进行专门的警戒冰山的巡航与播报冰山的位置等项工作。

冰山虽然是航行中的巨大障碍，但是冰山也有可以利用的地方，那就是用作淡水之源。

淡水之源

1977年10月的一天，一架美国军用直升飞机，载着两吨多重的冰块，从北极圈附近的阿拉斯加起飞了。沿着指定的航线，在预定的时间，直升飞机把冰块运到了美国衣阿华州的艾姆斯。

这里正在召开艾姆斯国际冰山利用会议。参加会议的18个国家的200多位科学家代表，见到这运来的冰块，先是热烈鼓掌，接着就有人议论起来。

“只说冰山是‘沉船祸首’太不公正了。”

“是的，让我们共同努力，把冰山变为淡水之源，使它为我们人类造福吧。”

科学家们已经着手研究这个重要题目了：如何把冰山运到缺水地区，使它变为淡水之源。

我们都知道，人的生存离不开水，其他生物离开水也不能存活。可是，地球上总水量的98%是不能饮用的咸水，所以尽管海水茫茫，取之不尽，

科威特的骆驼赛

也丝毫不能用来解渴。

在地球上，能够饮用的淡水当中，97% 储存在人迹罕至的冰川、冰原上；只有 3% 分布在人类活动频繁的部分陆地上。就是这 3% 可供使用的淡水，有的地区多，有的地区少，分布也极不均匀。

西亚的科威特，是个沙漠之国。那里终年酷热，很少下雨，即使下一点雨，雨水也很快渗到地下。既无地面河川、湖泊，也无可供开采的地下水。在那里真是水值千金，是名副其实的缺水之国，所以只能靠出口石油、进口淡水度日。

科学家们还进行了一些简单的测算，算出工业、农业每生产 1 吨产品所需要的水量：

纸	250 吨
甜菜糖	150 吨
蔗糖	1 000 吨
合成纤维	5 000 吨
谷物	1 200 吨

农村每人每天消耗在饮用、洗涮上的水量，大约是 15 ~ 20 升；城市人口由于卫生用水等原因，每人每天消耗水 150 ~ 600 升。

假如，根据每人每天衣食住行所消费东西的数量，计算出生产这些消费品时需要的水量，就得出每人每天平均实际消耗的水量。计算结果，法国人是 1 200 升，美国是 6 000 升。

科学家们分析计算出，现今世界上有 5/6 的人口，每天都在忍耐着不同程度的缺水困难。这是个十分惊人的数字。

如何去克服或解决缺水的问题呢？人们想了许多办法。建立海水净化厂，使海水淡化，供人类饮用。目前，世界上拥有各种规模的海水淡化

厂，总计有1 100多个，日产淡水的总能力为11 000立方米，但是成本太昂贵了，不得不另寻出路。

于是，人们开始打冰山的算盘了。1900年，秘鲁人就曾把小冰块运至港口，供卡亚俄港区使用。

图与文

12年间，这座冰山在海上旅行的距离，达3 700多千米。长途跋涉，风吹日晒，只是使它“消瘦”了许多。长度由原来的105千米，变成74千米；宽度由55千米，减成37千米。可以说12年后，它仍然是个庞然大物。

如今，由于世界范围的缺水，冰山的利用又重新受到重视。把坚实的冰山，从万里迢迢的极地拖运到目的地，用它作为温差发电的冷源，融化的冰水去灌溉耕地，供人饮用……拖运的冰山，半路是否会融化消失呢?

1967年，美国的卫星跟踪了从南极大陆冰川上崩落下来的一座大冰山。这座冰山漂流了12年后，也就是到1979年，它仍未完全融化。

这份卫星跟踪获得的数据，为利用冰山提供了可靠的依据。拖运冰山，不仅能使它成为淡水之源，而且会使停泊冰山的地区，增加了制冷剂，使温暖地区出现大雾，相对湿度增加，甚至促进降雨。但是，从极地拖运冰山到缺水地区，还有一系列科学和技术问题没有得到解决，离真正实现还有一段距离。

海上漂移的冰山，对人类有害有利。而那些覆盖陆地、岛屿和海洋的冰层又如何呢?

“冰桥”和“陆桥”

北极地区是一片一望无际的冰海。要想从大陆到海岛上，或从一个海

北极驯鹿

岛到另一个海岛，无论如何是无法涉水过海的。然而，北冰洋上的冰层会帮助你履冰过海，到某些岛上去。北冰洋水域的冰层能使“天堑”变通途，是一座天然的桥梁，所以人们称它为“冰桥”。

“冰桥”不仅使人类可以自由地往返于大陆和海岛之间，而且它也是动物，尤其是北极驯鹿往复迁徙的桥梁。

除了“冰桥”之外，在北极圈附近，还有一座“陆桥”。要讲这座“陆桥”，还得从北美大陆上最古老的居民谈起。

近年来，有些科学家认为，北美大陆上最老的居民是大约5万年前到达北美大陆的亚洲人。5万年前的人类，显然还没有发明渡海的船只。这些古人又是如何渡海到达北美洲的呢？

经过深入的科学考察和研究分析，科学家们指出，从大约距今二三百万年以前开始，一直到距今1万年前，北极地区的冰川范围曾经有过4次大的扩展，冰川面积最大的时候，甚至伸展到美国的北半部、北欧等许多地区。在冰川范围扩展时期，海洋里的海水经过蒸发、凝结、降雪，而变成积雪。在融雪量少于降雪量的情况下，年复一年使积雪加厚。积雪在自身的重压下，就变成冰川冰，使冰川加厚。结果是冰层加厚，范围扩大；海洋则因失去很多水，又得不到补

图与文

在最后一次冰川范围扩展时期，当时的海面降到比现在的海面要低100多米。现在水深只有29米左右的白令海峡，那时海底完全露出了海面，构成连接亚洲与北美洲大陆的“陆桥”。

充，海面下降。

当时古代的亚洲猎人，跟踪追逐兽群，尾随猎取，以供衣食。有些人一直跨过这座“陆桥”进入北美大陆。追捕动物的人群，一旦踏上阿拉斯加的土地，朝南走，就可以一直深入到南美洲。

古代的亚洲猎人，最早是在什么时候进入新大陆的呢？

有人认为是在 75 000 年前，也有人认为是在 13 000 年前。根据近些年来发现的化石、石器推断，这个时间距今大约 4 万多年，接近 5 万年。

后来，“陆桥”又被咆哮的海水淹没。然而，由于这些古代亚洲猎人的代代相传，一些亚洲的古代文化被保留了下来。例如，印度人玩一种双骰游戏，玩时的规则很复杂。墨西哥的印第安人也玩它，而且遵守的规则相似……

北冰洋的航线及主要港口

北冰洋上冰封雪盖，即使在当地的夏季，也遍布浮冰，漂浮着巨大的冰山。沿岸地区，人烟稀少，经济开发比较差。再加上这里的天气变化无常，水情变化莫测，所以北冰洋曾被人称为“魔海”，航运受到各方面条件的限制，发展很慢。

随着水文、气象预报和导航设备的改善，破冰船的出现，尤其是 60 年代以来核动力破冰船的使用，使北冰洋上的航运业有了很大发展。现在，从整个北冰洋来看，只有挪威海及巴伦支海的西南部可以全年通航，其他海域一年中有一半以上时间被坚冰所封或遍布巨大的浮冰，一般船只很难安全通航。就是在可以通航的短暂时期里，船只也常常会受到浮冰和冰山的阻拦，航行十分艰难。

目前，穿越北冰洋的主要航线有两条，即东北航线和西北航线。东北航线指俄罗斯北冰洋沿岸的定期航线。在这个航线上，每年 8 月下旬到 9

■图与文

摩尔曼斯克濒临巴伦支海，地处北纬68°58′，位于北极圈以北，却是一个终年不冻的良港，这是因为受到大西洋暖流的影响的缘故。在摩尔曼斯克以南的里海、亚速海早已冰封海面的时候，摩尔曼斯克附近的海面上却仍然波涛汹涌、航运繁忙。

月上旬这段时间，是比较稳定的通航期，各类船只组成的船队络绎不绝地行驶在北冰洋上。西北航线是指从美国或加拿大东海岸起，穿过加拿大北极群岛中的海峡，到阿拉斯加或太平洋沿岸各港口的航线。这条航线的航行条件比较艰险，现在还处于试航阶段。

北极航线的开辟，使北冰洋沿岸发展起一批港口城市。这些港口主要分布在俄罗斯北部，即东北航线沿线，以及挪威海沿岸。主要港口有俄罗斯的摩尔曼斯克、阿尔汉格尔斯克、迪克孙、提克西、彼韦克，挪威海沿岸的特隆赫姆、特罗姆瑟和哈默菲斯特。其中特别应该提到的是俄罗斯的摩尔曼斯克。

俄罗斯西北边陲科拉半岛上的摩尔曼斯克，是北冰洋沿岸最大的港口城市，也是俄罗斯重要的工业区和最大的渔业中心。

摩尔曼斯克是俄罗斯北方重要的商港和渔港。1973年，这个港口的吞吐量为700万吨，客运量达70万人次。20世纪50年代，这里的捕鱼量曾占全国全部捕鱼量的3/4。目前，全国捕鱼量的15%仍来自摩尔曼斯克。俄罗斯的捕鱼船队，一年四季在辽阔的巴伦支海海面上寻捕着鱼群。现代化的大型曳网渔船，可以把捕到的鱼立即制成新鲜的鱼罐头、冻鱼或咸鱼等鱼类产品。渔船一靠岸，就可以直接把鱼产品运往俄罗斯各地。

摩尔曼斯克是俄罗斯最大的海军基地之一，俄罗斯最大的舰队——北方舰队，就驻扎在这里。俄罗斯西部和南部的一些重要港口，因为受到地理条件的限制，船只不能很快驶入世界大洋。比如，列宁格勒港的舰只想要进入大西洋，必须通过波罗的海、丹麦海和北海等海域；敖德萨港的舰

只要进入大西洋，则必须经过黑海海峡、地中海和直布罗陀海峡。而从摩尔曼斯克港驶出的舰只，只需跨过巴伦支海就可以进入大西洋；而沿北冰洋海岸东行，穿过白令海峡就能驶入太平洋。

俄罗斯北方舰队旗舰“彼得大帝”号核动力巡洋舰

除了北冰洋沿岸的港口之外，随着自然资源的系统开发，北极地区新兴的城市在一个接一个地出现，北极地区的人口也在迅速增加。

1958 年，前苏联生活在北极圈以北地区的人口已经将近 450 万人。在系统开发北方领土方面，美国和加拿大比前苏联要晚 20 年左右。在北极圈以北长期生活的美国人，还不足 1 万人。据不完全统计，目前北极圈以北地区各个国家的大小城镇，共有 170 多个。

在北极圈以北，人口在 5 万以上的前苏联城市就有 3 座。摩尔曼斯克是北极圈中最大的城市，人口 38 万多。西伯利亚西部的诺里尔斯克，1940 年的时候，只是个小小的交易站。自从在那里发现了铜、镍、金、钴、铂等矿之后，随着矿业的开发，城市也迅速发展起来。人口增加到了 19 万，还建成了电视台、音乐厅、学校、托儿所和一排排公寓式房屋。诺里尔斯克已经成为北极圈里一个比较繁华的城市。

雪海冰原一瞥

假如，我们能够坐上宇宙飞船，从遥远的太空俯瞰南极，就可以发现在我们的下面，一片蓝色的海洋之中，漂浮着一个白棉被似的近圆形的块块，“棉被”中出一只弯曲的手指般的半岛，跟南美洲南端的尖角遥遥相对，这就是南极。

“白棉被”有多大呢？大约有 1 400 万平方千米，但是这并不是南极大陆的真正面积。因为“白棉被”的边缘，有一部分是漂浮在海湾之上的冰层，叫做冰架，大约有 100 多万平方千米。这样，南极大陆的面积就只有 1 200 多万平方千米了。即使这样，它的面积也比大洋洲还要大 300 万平方千米，比欧洲也大 200 万平方千米。把它称为地球上一个大洲，是完全可以的。

不知有多少年不断的积雪，把南极大陆堆成了世界最高的大陆。它的平均高度在海拔 2 300 米以上，比多山多高原的亚洲还要高出 1 000 多米。

构成高原地面的，大部分是万年积雪。它掩盖了南极大陆高低不平的本来面目，形成世界上最坦荡的高原。如果不仔细观察，不容易发觉它有什么大的起伏。用精密的测量仪器，才能把它的高低测量出来。高原中心高，四周低，最高点在大约南纬 81°、东经 75° 一带，高度是 4 200 米，冰盖从这里出发，向四周缓缓倾斜，只是到了沿海一带，地形才发生急剧的下降。

南极风光

冰原表面相当粗糙。这是大自然的雕塑家——风要的把戏。狂暴的风吹起沙子般的雪粒，又把它堆积起来，和风吹的方向相适应，形成一条条雪浪。在飞机上看去，雪浪犹如大海波涛，也像一片白色的沙漠。有的地方，风又把雪堆成山丘和各种美丽的地形，有的像深不可测的隧道，有的像峻峭的悬崖，有的像幻想中的宫殿，晶莹剔透，绰约多姿。

这里有雄伟的高山，也有深邃的山谷，有宽阔的高原，也有星罗棋布的岛屿，与我们从外表上看到的平坦的南极高原完全不同。

■图与文

整个南极高原都是冰雪装扮起来的。拿掉这些积雪，南极大陆就要一落千丈，原形毕露。它的真实面貌和其他大陆相比，没有什么差别。

冰雪把南极大陆裹得严严实实，多少年来，人们为了弄清冰下地形，不知费了多少力气。就是到了今天，南极大陆的轮廓也不能算完全弄清，地图上有的海岸线仍然用虚线表示。

一个还是两个

在开始对南极探险的时候，曾经有人认为，如果把南极大陆上的冰盖揭去以后，南极大陆很可能不是一个完整的大陆，而是一个群岛……

这种想法叫人很难想象：在川流不息的海水之上，怎么能有一个这样稳定而完整的大冰盖呢？这个说法渐渐地被人遗忘了。现在出版的地图上，都是把南极画成一个完整的大陆。

■图与文

到了20世纪50年代，不少国家在南极建立了科学考察站，对南极冰盖进行了各种测量，得出了一些很有趣的结果。

有一个玛丽·伯德科学站，位于罗斯海和威德尔海之间的冰原上。他们用钻机在冰上打了一个钻孔，一直打到2 000多米的深处，才

碰到了冰下的岩石。算一算，这个深度已经比海平面低多了。

有人用回声测深仪探测冰原的厚度，发现有的地方的冰盖下面不是岩石，而是流动的水，水的下面才是岩石。这些岩石也要比海平面低。

经过20多年的测量，证明在罗斯海和威德尔海之间，存在着一个比海平面低得多的海盆。要是把冰盖揭去，南极大陆就会被这个海盆分成两半。南极大陆不是一个，而是两个。

在这条海盆的东面，是一块完整的大陆，就是东南极。剥去冰层，下面是一片高出海面的陆地，有一条相当长的山岭，最高的地方在海拔3 000米以上。陆地上还有很深的谷地，最低的地方比海平面低，有的地方保存着液体状态的水，这就是冰下湖泊。

在海盆的西侧，是一群大大小小的岛屿，统称为西南极。地图上的南极半岛，剥去冰层以后，也并不是一个和大陆连在一起的半岛，而是一个长形的大岛，有一条很深的海沟，把它和大陆完全分开。在南极西部的大冰盖上突起的一些“山峰”，实际上也都是孤立于海中的岛屿。

在地质构造上，东、西南极也有明显的区别。东南极是一块很古老的大陆。经过科学家们的推算，证实它已经有几十亿年的漫长历史。西南极形成的时间比较晚，在东南极已经形成的时候，这里是海洋，后来经过地壳运动，这些岛屿才从海中升起。

但是，从现在的情况看，南极的统一的大冰盖不会消融；东南极和西南极被冰盖连成了一块广袤无际的雪海冰原，所以把南极洲画为一个完整的冰雪大陆，也是符合实际情况的。

雪山和冰河

在冰封的南极大陆上，横亘着一列巍峨的大山——南极横断山脉。南极横断山脉是世界上最雄伟的山脉之一。它从太平洋岸边开始，沿着罗斯

海海岸逶迤向南，横穿南极大陆，直达大西洋岸边，全长 3 200 多千米，把整个南极大陆一分两半。山脊上角峰峥嵘，耸入云霄，有许多山峰高出海面三四千米，异常壮观。

图与文

南极横断山脉并不是南极唯一的山脉。在大西洋沿岸的毛德皇后地，也有一列海拔三四千米的高山。南极半岛本身就是一条山脉，在它尾部的埃尔沃斯山上，矗立着南极最高峰——海拔 5 140 米的南森峰。

南极的“河流”，和其他大陆的河流一样，大部分发源在山地，但是这些“河流”又和其他河流不同，它们没有波涛，没有浪花，河床里不是流动的水，而是固体的冰。人们也不把它们称为“河流”，而是叫做“冰川”。

可以说，世界上任何地方都没有南极那么多、那么大的冰川。特别在南极横断山脉的中段，更是大冰川集中的地方。

南极横断山脉的背后，是广阔无边的南极冰盖，高度在 2 000 米以上。它的前面，是海拔只有几十米的罗斯冰架。巨大的南极冰盖又厚又大，它本身巨大的压力，造成了冰盖的缓慢流动。缓缓移动的冰层，遇到这条高大山岭的阻挡，只好在山间的垭口夺路流出，形成了许多大型冰川。其中最大的冰川之一，就是彼尔德莫冰川。它全长 160 多千米，宽度 16 千米到 30 多千米，最宽的地方和长江口的宽度差不多，上下游

南极冰川

的高差悬殊，从 2 000 多米下降到 60 多米。

河流在落差大的地方，往往形成瀑布。“冰的河流”也不例外，这就是奇特的冰瀑的来历。这些冰瀑实际上就是陡立的冰崖，有的高达 30 多米，就好像一座奔腾咆哮、直泻而下的瀑布突然之间冻结成了冰块，真是南极的一大奇观。

大冰川在流动中，还不断接纳一些汇入的小冰川，这就是冰川的“支源”。由于大小冰川的力量不一致，流动的速度不同，就在冰面上扯出一道道裂缝。这种冰裂缝，深的有几十米，有的表面上还覆盖着雪层。冰川上不断发出冰的断裂声，此起彼伏，动人心魄。在早期探险活动中，探险队员随时都有被冰裂缝吞噬的危险。难怪他们把冰川称为“冰冻的地狱”。

现在，有了飞机这种交通工具，情况就不同了。从飞机上观察冰川，是一件十分有趣的事情。在你的眼下出现的是一条奔腾欲动的蓝色的河流，在阳光下晶莹夺目。密密麻麻的冰裂缝，排列得十分整齐，就像河上的波涛。但是，冰川究竟不是河流，它没有奔腾的激流，只是静静地躺在那里，以你觉察不到的速度，缓慢地流动着。

你想知道南极冰川的流速吗？据科学家们的测量，一年之间，冰川只能流动 100 米到 1 000 米，还远远比不上乌龟爬行的速度。

冰的“长城”

当我们乘船从新西兰惠灵顿港出发，一直向南航行，驶过浩瀚的南极海域，穿过浮冰和冰山区，在你的眼前就会出现一眼望不到边的冰的“长城”，突起于碧绿色的海面之上。

它壁立、洁白、整齐、高大，像神话中的金甲力士用巨大的神斧，一斧劈开似的。1841 年，英国航海家罗斯第一次航行到南极的时候发现了它，这种场面使探险家们惊叹不止，把它誉为“我们星球上最壮丽的景象”，

给它起了罗斯冰障这个名字。

所谓“冰障”，就是漂浮在南极海湾中的大陆冰盖的边缘。像这样的冰障，南极大陆沿岸有十多处。其中最大的是罗斯冰障。

图与文

罗斯冰障的后面是罗斯冰架，它是世界上最大的冰的平原。面积有50万平方千米，和西班牙整个国土差不多相等。

罗斯冰障位于罗斯海的后部，东西长600多千米，平均高度三四十米，从罗斯海东岸一直延伸到罗斯海的西岸。

构成罗斯冰架的冰有二三百米厚，冰架的后半部直接跟海底地面接触，它的前半部漂浮在罗斯海上。冰架不停地向前移动着，并且不时地裂开，进入大海，形成一座座巨大的冰山。南极海面上漂浮的大部分平顶的桌状冰山，就是这种冰架破裂后形成的。

在罗斯冰架的右侧有一个低矮的小岛，叫罗斯福岛。在那里，罗斯冰架一分为二，在两个分开的冰架之间围成一个深入内地的海湾——鲸湾，这是南极探险初期有名的登陆地点。

1911年，阿蒙森就是在这里登陆的。20世纪前半期，美国的南极探险队也曾多次在这里登陆，并且在冰架上建立起了小亚美利加基地。可是，冰架每年都在向前移动，把基地不断地带向海洋。这样，每次考察队来到以后，都要重新建立新的基地。后来，这个基地就废弃不用了。

跟罗斯冰架相对的地方，在南极大陆的另一侧，靠近南极半岛，还有一个巨大的冰架，叫做菲尔希内尔冰架。它和罗斯冰架一样，非常宽阔，面积仅次于罗斯冰架。

此外，在南极沿海还有一些小型的冰舌，它们就像伸入海中的半岛，只不过是由冰构成的罢了。冰舌崩裂，也会形成冰山。

巨大“冰箱”的历史变迁

南极被冰雪覆盖的面积大约在 1 200 万平方千米以上，平均厚度在 2 000 米上下。用这两个数字相乘，就可以算出南极冰盖的大致体积——2 400 万立方千米。

世界上最大的冰盖在南极。北极附近的格陵兰岛的冰盖居世界第二位，但是它的面积还不到南极冰盖的 1/10。至于一些高山上覆盖着的冰川，把它们加在一起也远远比不上南极冰盖。世界上 90% 的冰雪，都贮藏在南极。

正因为这样，人们给南极起了一个“冰箱”的称号。这不仅是因为那里冰的体积十分巨大，而且因为它对地球的大气、海水，都起着冷却的作用，和一个大冰箱差不多。

这个巨大的冰箱已经存在了多少年呢？

地质工作者要想知道一个地方的地质历史，他们就要对那里的地层进行各种研究。地层本身就是一份珍贵的地质记录。

科学工作者研究的题目之一，是南极冰盖的年龄。这个秘密，他们是用同位素测量法来揭开的。

大家都知道，水分子是由一个氧原子和两个氢原子结合而成的。但是，自然界的水总含有少量氢的同位素氘、氚和氧的同位素 ^{18}氧。这些同位素的含量和气温有关系。温度比较高，含的同位素量大；温度比较低，含的同位素少。夏天气温高，同位素含量多；冬季气温低，同位素含量就少，因此利用夏半年和冬半年降雪中同位素含量增减的特点，就可以确定冰层的年龄。也就是说，

图与文

科学工作者要了解南极冰盖的历史，也同样要从冰盖中去寻找线索。几千米厚的冰层是一份珍贵的档案，吸引着成百上千的科学工作者，千里迢迢地来到南极。

相邻冰层中，同位素含量出现的一次起伏，就代表一年。

利用冰盖中的同位素含量，还可以大致确定不同年代的气温状况。因为今天南极的气温我们是知道的，同时今天南极降雪中的同位素的含量也可以测出来。这样，就可以把过去某一年代冰层中的同位素含量和今天的作比较。要是那年冰层中的同位素含量比现在的少，说明那年温度低；同位素含量多，说明那年温度高。

科学工作者用这个方法，测出了75 000年前到1万年前的气温变化：1万年前（大约在1千米深的冰层中）同位素^{18}氧明显地趋向减少，说明当时气候逐渐变冷；到了更深的地方，大约到17 000年前，^{18}氧含量最少，说明当时南极气温降到了最低点。再往上追溯，^{18}氧含量又渐渐上升，直到接近冰层底部，也就是75 000年前，^{18}氧含量逐渐接近现在的含量。这说明那时的气温和今天的南极相近。

测定同位素的不同含量，竟然能够帮助我们了解几万年间南极的气候变化情况，这是多么奇妙的办法啊！

穿透几千米的冰层

南极冰盖的厚度问题，一直吸引着许多南极探险者的注意。在南极探险初期，在当时的技术条件下，是无法弄清这个问题的。这不仅仅因为南极冰盖面积太大，测量不过来；也因为它太厚，用手操作的铁钻，根本钻不透几千米的冰层。

随着科学技术的发展，人们渐渐找到一些用来测量南极冰盖厚度的新方法。

他们把人工地震工具和仪器装在一部大型履带式牵引车后面的拖车上，在一定的路线上行进，每隔几千米，在冰中埋上炸药，在四周一定距离内的地面上设置地震记录仪。牵引车完成上述作业后，离开预定的震区范围，

图与文

我们知道，为了寻找地下矿藏，地质学家采用了人工地震法，来弄清地底下的情况。冰川学家从地质学家那里学到了这种方法，用来测量冰层的厚度。

然后点火引爆。这时候，人工造成的地震波穿过冰层到达冰下地面，再反射回来，记录在地震仪上。科学家知道了地震波在冰中传播的速度，又知道了在冰中的传播时间，就可以算出冰层的厚度了。

地震法比人力打钻的方法好得多了，但是还存在着缺点，主要是太慢了。尽管人们做了极大的努力，总不能把所有的地方都测遍。有些地方，冰面崎岖不平，牵引车根本无法通过。南极严酷的气候条件也给测量工作带来了极大的困难，因此，用人工地震法所做出的第一幅南极冰盖厚度图还相当粗糙。那么，有没有更先进的方法去测量冰层呢？

20 世纪 70 年代以来，在南极开始使用了新方法——机载无线电回声测深法。这种方法就是在飞机上安装了无线电测深仪器，在飞行中不断向冰层发射一定波长的无线电波，电磁波穿过冰层，到达地面后反射回来，又被飞机上的接收仪器自动记录下来。科学工作者用这个方法对南极大陆的冰盖厚度重新进行测量，测量精确度与地震法相比大大提高，速度也大大加快。过去牵引车到不了的地方，飞机都可以去。南极冰盖厚度就可以更详细、更精确地测量出来了。

“移动”的极点

到了 70 年代初，那里的工作人员渐渐发现，这个基地的位置发生了变

化。也就是说，本来正好设在南极点上的观测站，已经不在极点上了，它向南美洲的方向“移动”了100多米，平均每年移动速度约10米，每天的移动速度不到3厘米。

图与文

1957年，美国曾在南极极点设置了一个进行长期科学观测的基地，这就是阿蒙森—斯科特南极极点科学站。科学站设有各种观测设备和相当舒适的住房，即使在漆黑寒冷的极夜，也可以保证照常工作。观测工作年复一年地进行着。

科学站怎么会移动呢？原来，并不是科学站在移，移动的是它下面的冰层！冰层不停地移动，建在冰层上面的科学站也只好随冰“漂流”，越走离极点越远，因此，不得不考虑重建新站。这次，新站没有建在极点的正上方，而是建在极点附近。预计几年以后，由于冰层的移动，可以使观测站“走”到极点上。即使这样，这个新站也只能用10多年。

这个事例说明了，南极冰盖处在不停的运动之中，即使在南极大陆的腹地，冰盖也在缓慢地移动着。为什么冰盖会移动呢？

高山上的冰川挂在倾斜的山坡上，它受到地球的重力作用，会向下滑动。南极冰盖下面的地形有高有低，崎岖不平，它移动的情况，和高山冰川不完全相同。

冰是一种具有一定可塑性的固体，就是说，在一定的压力下，可以改变自己的形状，就像一块刚刚出锅的黏糕，时间一长，就向四周“塌”下去，也就是发生了移动的现象。

当然，冰不像黏糕那样软，不那么容易变形，但是冰盖受的压力真是太大了。我们知道，每1立方厘米冰重约0.9克。尽管南极冰盖的冰密度比一般冰的密度略小，但是几千米厚的冰层所产生的压力还是十分巨大的，在指甲盖那么大的面积上，承受的压力要达到几百千克！

在这样强大的压力下，冰就会像黏糕一样，不顾下面地形的起伏，缓慢地从中央向冰盖四周移动。降雪又不断地压在冰盖上，使它的压力不致减少，冰盖的移动也就每年不停地进行着。它的速度一般每年是几米到几十米。

到目前为止，南极各地几乎都有了人类的足迹。科学家已经测量出南极冰盖在不同地区的移动情况，并且把这些数据放进计算机进行处理，做出了整个南极冰盖的流动速度图。它告诉我们，南极冰盖的运动中心大致在南纬 81°、东经 78° 的地方。这里冰盖的海拔高度超过 4 200 米。南极冰盖就从这里出发，移向四面八方。

南极冰盖的“礼物”

南极的冰盖年复一年地向大陆边缘移动，并且在岸边崩裂，变成冰山，漂浮在海中。它们有的像百里长堤，有的像巨型的船只，有的像水晶般的山峰，顺着海流的方向缓缓前进。

据说，1965 年 11 月，有人在南极海区发现一座罕见的大冰山，长 333 千米，宽 96 千米。就算你 1 小时走 10 千米，从冰山长度的这头走到那头，一天也走不完。

当然，像这样超大型的冰山是很少见的。最常见的一般只有几百米长，高出海面大约十几米到 30 米。冰山的水下部分比水上部分大得多。水下部分和水上部分的比例一般是 7∶1 左右。

冰山可以顺着海流方向，漂到北方温暖的地方，最北可以漂到南纬 30° 左右，这里已经是南温带了。

过去，在南极海区航行的船只，都把冰山当成一种危险的东西。在大风

图与文

一群海鸟，尖叫着掠过海面，安详地落在淡青色的冰山之上。这是一幅相当美丽的南极海面的风景画。

大雾的天气里，特别是在漆黑的夜晚，如果航船不幸跟冰山遭遇，总要落得船碎人亡。后来，船上安装上了雷达，在任何天气条件下，都能发现远处的冰山，船只就可以根据雷达提供的情报，调整航向，避开冰山。

渐渐地，人们发现冰山不是祸害，而是南极冰盖给人们送来的礼物。前面已经说过，南极大陆堆积着大约 2 400 万立方千米的冰，是一个巨大的固体淡水库。世界上所有的江河、湖泊的淡水全加起来，还不到这个固体淡水库容量的 1%。

从这个“固体淡水库”崩落下来的冰山，也是一个个小淡水库。据计算，如果我们利用南极冰山的 1%，就可以供应几十座像日本东京那样的世界第一大城市全年的用水。

科学家们开始动脑筋了：可不可以把南极冰山拖到世界上缺水的地区呢？他们认为，在现在的技术条件下，是可能办到的，而且成本比海水淡化要低得多。

但是，到目前为止，还没有哪一个国家拖过冰山，因为冰山很大，拖动不会很快，冰山在半路上会融化，甚至可能碎裂。再有，冰山的水下部分很大，不能越过海水较浅的海峡，拖船也不能停靠在岸边去加油、上水。这些问题还要进一步研究、解决。如果短途运输到澳大利亚和南美洲的缺水地区，也许比较容易做到。

冰盖融化以后……

这是怎么估算出来的？

南极冰盖的面积是 1 200 万平方千米，相当于地球海洋面积的 1/32。因为冰的体积要比水的体积大，所以大约每融化三四米厚的冰层，海面就要上升 1 米。以南极冰盖平均厚度 2 千米计算，全部融化以后，海水就会上升 60 米。如果海水上涨 60 米，它的结果真会是灾难性的：

图与文

科学家早就注意到南极冰盖对整个地球的巨大影响。有人估计，南极冰盖全部融化成水，平铺在世界大洋的洋面上，能使整个地球的海平面上升 60 米。

世界上几乎所有沿海港口都将被淹没，整个世界的面貌也将发生巨大的变化。

还有另一个可能发生的变化。地球的外面是一层像鸡蛋壳似的外壳。地壳之下是具有一定可塑性的地幔。2 000 多万立方千米的冰盖长期压在南极地壳上，势必造成南极地壳下沉。冰盖一旦消失，地壳还会慢慢地升上来。有人甚至计算过，它可能会上升 600 米，同时南极大陆四周的大陆架也会相应上升。

科学家这样的猜测，当然并不是凭空瞎想。在过去的一二百万年的第四纪地质年代里，就曾多次发生过这种情况。那时候，北美北半部、欧亚大陆的北半部都积压着几千米厚的冰层。冰期过后，巨大的冰体融化成水，大陆又重新升起。据有的资料介绍，当时北欧最大的冰盖中心在斯堪的纳维亚半岛，冰盖融化后就开始上升，到现在已经抬升了 200 米。北美的最大冰盖中心也有大面积抬升，这种抬升到今天也没有完结。

融化的冰盖

第四章

奇特的海洋

17世纪以来，当陆地疆域和资源被分割完毕，人类把探索的目光投向了海洋。曾经作为舟楫载体的大块水域，转而成为樯桅探险的对象。海洋用最明媚的笑靥迎接探险的人们。随即人们发现，他们在幸运中更多尝到的是无常。变幻的风云、排空的浊浪不过是可见的教训，不可见的还有无涯的迷惘。于是，人们痛感必须了解海洋，为了过去的失落，为了未来的生存空间，也为那画一般的魅力和诗一般的梦想。

博大的海洋

我们人类所居住的星球被称为地球，实在有点名不副实，因为在地球上，约有71%的地方是海洋，而陆地仅占29%，而在这可怜的29%中，还有大量星罗棋布的湖泊和纵横交错的河流，所以把地球称为“水球”倒更合适些。

海洋的表面积为3.62亿平方千米，其中大陆架上的海洋面积为2 743.9万平方千米，占全部海洋面积的7.6%；大陆坡上的海洋面积为5 524.3万平方千米，占全部海洋面积的15.3%；大洋底上的海洋面积为2.744亿平方千米，占全部海洋面积的75.9%；超过6 000米的深海沟的海洋面积为422.4万平方千米，占全部海洋面积的1.2%。

地球上大部分海洋很深，深度超过两三千米的深海将近海洋总面积的80%；靠近大陆，海底地势比较平缓，深度在200米以内的浅海只占将近8%的面积；在深海与浅海之间，海底是比较陡的斜坡。整个海洋中的水约有136 000万立方千米，要知道仅仅一个立方千米的水就足以灌满十几个十三陵水库。可以想见，海洋是多么广阔而深邃的水的世界！

图与文

海洋的体积为13.703 23亿立方千米，全部海水的总重量约为13亿亿吨。海水占地球上所有水量的97.2%，冰占地球上所有水量的2.15%，淡水占地球上所有水量的0.63%。

海洋是一个巨大的调温室，这是因为冷热海水会对流，同时海水吸收和容纳热量的能力都要比陆地强得多，裸露的地面会把太阳射来的热反射掉10% ~ 20%，而海洋只反射掉3%。1立方米

海水所能容纳的热量比1立方米花岗岩所能容纳的要大5倍，比1立方米空气大3 000多倍，因此要使海水水温升降1℃也是不容易的，而气温则可因热量稍有变化就升高或降低。在海洋的表层，那里的海水还多少受一些气温的影响，而到了一两千米的深处，水温便相当稳定。至于世界各处深海海底的水温，一般保持在0℃左右。

凸的、凹的，还是无常的

大家都惯于认为海面是水平的，实际上世界海洋的表面并不平坦。科学家们利用人造地球卫星对海洋表面的5个大凹陷和大凸起做了很好的研究。印度洋斯里兰卡岛以南是一个大凹陷，下斜112米，尽管下斜很大，但由于坡度平缓，肉眼看不出来。在太平洋上，澳大利亚东北的新几内亚岛海域，海面为一大凸起，上升达78米。大西洋的加勒比海和百慕大三角海区，是个大“洼地”，海面下斜64米。

科学家认为，海面的这种起伏，反映了海底深处地质构造的不同。在2 000℃～2 500℃的高温和超过大气压力15万～25万倍的高压下，400～700千米深处的地球内部，物质变得更加致密。由于地质结构不均匀，使地球引力发生增大和减小的变化，这些变化便在海面的高度和形状上表现出来。

但是，这些因素只能引起海洋表面一

图与文

海洋虽然充满了海水，但它的表面却并不是水平的。人们已经知道，由于狂风引起的巨浪，由于气候变化和其他原因引起的海啸，由于月球和太阳对地球各处引力不同所引起的潮汐，都破坏了海洋的宁静，使汪洋大海不可能保持水平状态。

米、最多十几米深的变化，而这点变化对浩瀚的海洋来说，是微不足道的，因此，不管是风平浪静之时，还是波涛汹涌之日，如果你站在海岸边极目了望，或坐在飞机上从窗口俯瞰，所看到的海洋，仍然是坦坦荡荡。也就是说，它大体上是平坦的。

事情果真是如此吗？不！科学家们最近有了新的发现，这个发现证明海洋表面确实是凹凸不平的。

从上天的人造地球卫星上观测海洋，就可以发现海洋表面既有凹陷的裂谷，又有凸起的斜坡，还有巨大的“洞穴”似的涡流。据报道，在地中海克里特岛附近的海面，有一条裂谷长达50米，深60多米。在地中海东部，海水表面有一个明显的大隆起，与大隆起相对应的，还有一个凹陷的部分，这个凹陷部分的最深处要比隆起的最高处低50米。

这些裂谷、斜坡和涡流，是1978年美国发射的一颗测量海洋的专用卫星“海卫”号观测到的。遗憾的是，这颗卫星在太空仅仅运行了3个月就坠毁了，但它在短促的“一生”中，却给地球发回了大量的科学数据。这些数据被世界上许多国家的实验室记录下来。科学家们一直在分析和研究这些数据。据说，由于对这些数据的分析和计算要花费大量的时间，所以一些结果才刚刚公诸于世。法国一个海洋学和地质学小组，最近已经计算出1978年8月间地中海海面精确的形状，证实了海面裂谷、斜坡和涡流的存在。科学家们说，有些海面的“洞穴”，比他们原来所想象的要大10倍。

海洋学家和地质学家们对这些海面裂谷、斜坡和涡流的成因做了深入的探讨。他们认为，地中海克里特岛附近一带的地壳有两块岩石板块在互相碰撞，其中一块正在上升，“爬”到另一块上面去。这两块板块的接缝处的岩层的密度比其他地方的要大。正是由于地球岩层密度的变化引起了引力场的变化，从而造成了海面裂谷、斜坡和涡流之类的现象。

这一发现给航海者带来了福音。找出海面裂谷、斜坡和涡流的位置，研究它们的出现规律，就可以避免许多海上事故的发生。从理论科学来讲，研究裂谷、斜坡和涡流的成因，对于海洋、陆地的生成，乃至地球的起源，都有十分重要的意义。

地球上哪来这么多水

以前，科学家们认为：水的来源在太空和地球内部，但是地球表面水量与飞离地球进入太空的水量大致相等。而地质学家们认为，两万年来世界海洋水位升高了大约 100 米。地球表面不断增加的水是从哪里来的呢？这一直是个不解之谜。

美国衣阿华大学的科学家，从人造卫星发回的数千张地球大气紫外线辐射图像中发现，在圆盘状态图像上总有一些小黑斑，每个小黑斑大约存在 2 ~ 3 分钟，面积为 2 000 平方千米左右。经仔细检测分析显示，这些小黑斑是由一些看不见的冰块组成的小彗星冲入地球外层大气破碎和化为水蒸气形成的。科学家估计每分钟有 20 颗平均直径为 10 米的冰块小彗星进入地球大气层，每颗释放大约 100 吨的水。地球的形成约有 50 亿年的历史了。因此，由这些小彗星不断增加的水分，形成了如今浩瀚的海洋。

只有 2 亿年历史的海洋现代的科学考察证明，大陆上最古老的岩石有三十几亿年的年龄，而那些真正的海底岩石的年龄没有超过 2 亿年的，显然这些海底岩石是后来形成的，它们在不断消亡和不断新生的设想是有根据的。

图与文

长期以来，对于“地球上的水是从哪里来的”这个命题，科学家们争论不休，众说纷纭。不过比较一致的看法是地球上的水早在地球刚形成不久就已经存在了，然而美国衣阿华大学的科学家们却提出了一个令人瞩目的新理论：地球上的水可能来自太空中由冰组成的小彗星。

海底的沧海桑田

海是那样深，探测起来很不容易，近年来才取得了较快的进展。人们找到了使用声波、地震波等近代技术对海底进行探测的方法，造出了可以深入海底直接观察的潜水设备，开展了对海底的磁性、重力和地质的研究，大大加深了对海底的认识。

人们发现，海底存在着许多复杂的情况，而且根据很显著的差异把海底区分为两种类型：一类海底的构造与大陆基本一致，实际上它就是大陆的一部分，现在暂时被海水淹没，这里的海水比较浅，因此每当海水有所涨落或地壳有所升降时，就容易时而成海，时而成陆。我们观察到的沧海桑田的变迁就是发生在这一带。它位于大陆的边缘，从海岸向海中和缓地倾斜，海底很平坦，我们常说的大陆架就是指的这部分海底。大陆架的边界在平坦的海底倾斜延伸到某个深度突然转折，坡度陡增的地方，转折后形成的大斜坡被称为“大陆坡”。另一类是海底的地质构造与大陆（包括大陆架，下同）截然不同，其分界线在大陆坡的下部，这种海底可以说才是真正的海底。到现在为止，它没有大陆架那种沧海桑田多次变迁的记录；这里的地壳和大陆那部分地壳有显著的差别；这里的海水比较深，常有几千米，它的面积也比较大，接近海洋总积的80%。

现在，我们已经观察到那里有些地带在急遽地下沉；另一

图与文

大洋海底没有发现沧海桑田变迁的记录，难道它总是那样没有变化吗？不是，它时刻都在变化，而且变化还大着呢！可以说比大陆边缘的那些沧海桑田变迁要大得多。

些地带则在迅速上升。大洋中的许多很深的海沟，就是下沉的表现；而一些海底的山岭则是上升的产物。下沉的幅度是这样大，不少海沟已深6 000米以上，甚至万米以上的也有；上长的速度也不慢，1973年在太平洋中部的海底山岭上，测到了一年上升12厘米的速度。一些人认为这种现象反映了海底在不断消亡和不断新生的事实。

未来的淡水来源

海底蕴藏着丰富的淡水资源。海底钻探证明，世界各大陆附近海域的海底淡水层分布面积相当广大，在远离海岸120千米和水深1 000多米的海底都曾找到淡水。这说明地下水不只散布在大陆架浅海，而且还远远伸向更广阔的海域。

随着对海洋考察的深入，人们终于意外地发现，在许许多多可以开发的海底矿物中，还有一种陆地上日益缺乏的矿物——饮用水。当前，世界上许多国家都开展了利用海底淡水的工作。专家们认为，世界上许多缺少淡水的沿海地区，如果开发海底淡水，就可以绰绰有余地满足城市和乡村用水。在希腊东南部的爱琴海，人们筑起了钢筋混凝土大坝，把海底涌泉流出的淡水与海水隔开，这一处海底涌泉每昼夜可流出100多万立方米的淡水，用以灌溉沿海3万多公顷的旱地。

如果沿岸海域没有天然海底涌泉，则可以采取钻井的办法，

图与文

在世界上的某些海区，例如：在波斯湾的巴林群岛上，很久以前人们就用空心的竹杆从海底涌泉中汲取淡水饮用。然而，世界上许多海底涌泉都没有充分加以利用，只是当作一处奇景供人们观赏。

像开采海上石油那样开采淡水，人工地建立起海洋淡水“喷泉”。

随着工业的发展，许多河流被污染，河水不能饮用，利用海底淡水就更加引起人们的重视。海底淡水清洁卫生，不会受到污染。此外，这种水源又很稳定，即使在干旱的夏天或严寒的冬天，当地面上的泉水已经枯竭或冻结时，海底淡水仍能源源不断地保证需要。

海底淡水实在是可以造福于人类的、用之不竭的地下宝藏。

世界两大洋

太平洋北部有白令海，以白令海峡与北冰洋相隔。东部南、北美洲海岸平直，较大海湾有阿拉斯加湾和加利福尼亚湾，以南美洲南端合恩角到南设得兰群岛的最短连线与大西洋分界。南部南极洲海域多被冰山和冰障占据，主要有边缘海罗斯海。西部在系列岛弧与大陆之间形成许多边缘海，主要有鄂霍次克海、日本海、黄河、东海、南海、珊瑚海，还有爪哇海和苏拉威西海等岛间海，海岸线曲折多变。西沿马来半岛、苏门答腊、爪哇、帝汶等岛，经澳门利亚东岸，从塔斯马尼亚岛南端，大致沿东经 146°51′ 到南极大陆一线与印度洋分界。海底山脉纵贯大洋中部，从北部堪察加半岛南方起至土

■图与文

世界最大的洋是太平洋，位于亚洲、北美洲、南美洲、南极洲和大洋洲之间。面积 17 967.9 万平方千米，占世界海洋总面积的 49.8%，占地球总面积的 35.2%，比陆地总面积约大 1/5。东西最大宽度从巴拿马到泰国克拉地峡为 19 900 千米，相当于赤道长度的 49.6%；南北最长从白令海峡到南极洲罗斯陆缘冰为 15 900 千米，相当于经线长度的 79%。

阿莫土群岛长达10 000千米，呈西北—东南走向，将太平洋划分为东西两大海盆，其中一段露出海面形成夏威夷群岛。西太平洋自北而南有一系列岛弧，岛弧外缘有深海沟。

太平洋区火山地震活动频繁，洋中脊、海沟—岛弧、板块边缘等尤为激烈。据统计，世界上约有85%的活火山、80%的地震集中在太平洋地区。

太平洋资源十分丰富，海水体积达7亿立方千米，占海洋总水量的一半。海水化学资源，如钠盐、镁盐、钾盐与海水溶存元素绝大部分。若以海水平均含盐度35‰计算，太平洋溶解盐类总量约有2.4亿亿吨。海水中含有贵重元素，如锶、铀、铷等，以铀最重要，总量约有45亿吨，为陆地储量的2 000 ~ 3 000倍，金的储量达550万吨。

中国舟山群岛

海洋矿物资源有石油、天然气、煤、铜、铁、锰等，最重要是石油和天然气，西、西南部各边缘海及东部大陆架均已发现许多油气蕴藏。太平洋渔场约占世界浅海渔场总面积的1/2，主要在西北部和东南部海域。捕鱼量占世界海洋捕鱼总量的一半，盛产鲱鱼、黄鱼、鲑鱼、金枪鱼等。秘鲁沿海、日本北海道、中国舟山群岛等都是世界著名的渔场。

大西洋是世界第二大洋，其面积仅及最大的太平洋面积的一半，但大西洋流域，即汇入大西洋所有河流的流域面积，却大大超过太平洋而居世界第一。大西洋流域共达4 984万平方千米，占世界陆地面积的33%，相当于太平洋的3倍强。

大西洋岸线曲折，大海湾多，与陆地的接触面相应扩大，能接纳众多河流，同时全世界10条流域面积最大的河流，注入大西洋的即有亚马孙河、

大西洋的落日

刚果河、密西西比河、巴拉那—拉普拉塔河、尼罗河和尼日尔河。仅此6条大河流域总面积即达2 216万平方千米，将近占整个大西洋流域面积的45%。其他一些大河，如圣劳伦斯河、格兰德河、奥里诺科河、圣弗朗西斯科河、奥兰治河等，流域面积也很大。

总览海洋之最

世界最大的海是太平洋西南部的珊瑚海，位于澳大利亚大陆东北与新几内亚岛（伊里安岛）、所罗门群岛、新赫布里底群岛、新喀里多尼亚岛之间，南连塔斯曼海，面积479.1万平方千米，约相当于20个波斯湾、3个墨西哥湾或2个白令海的面积。

澳大利亚大堡礁

海底自西向东倾斜，平均海深2 394米，最深点9 165米，体积1 003.8

万立方千米，约相当于大西洋海海水体积的200倍。它位处热带，受南太平洋东澳暖流影响，全年水温20℃以上，最热28℃。大陆架等江海地带，水温更高，几乎没有河流流入。海水洁净，呈蓝色，透明度较高。这些都极利于珊瑚虫生长。海域西部有世界最大的珊瑚礁——大堡礁，珊瑚海因而得名。

图与文

世界面积最小的海是马尔马拉海，是亚洲小亚细亚半岛同欧洲巴尔干半岛之间的内海，东西长约270千米，南北宽约70千米，面积1.1万平方千米。世界最大的海珊瑚海是它的435倍，约为世界最大的咸水湖里海的1/44，不及大淡水湖苏必利尔湖的1/7，有18个湖泊的面积超过它。

其东北以博斯普鲁斯海峡通黑海，南以达达尼尔海峡连接地中海。因亚欧大陆之间断层下陷海水淹没而成，平均深度183米，最深点1 355米。原来山峰在海中形成岛屿数个，其中以马尔马拉岛最大，面积125平方千米。岛上以产花纹美丽的大理石著名。马尔马拉，希腊语意即“大理石岛”，海中盛产鱼类。

计算大洋的深度有两种指标：一是平均深度；二是最大深度，平均深度又有包括边缘海与不包括边缘海之分。世界大洋平均深度大体在3 550 ~ 3 730米。太平洋的平均深度包括边缘海约为4 000米左右（具体有3 940、3 957、4 020、4 028等不同数据），不包括边缘海约为4 280米（另有4 188和4 282等不同数据），各超过其他大洋300 ~ 3 000米不等。

大洋的最大深度，以最深海沟的深度为其标志。太平洋拥有世界最深的马里亚纳海沟，最大深度11 034米（另有11 021、11 022、11 033、11 500、11 515、11 521等不同数据），与其他大洋最大深度悬殊更大，分别超过1 900米和5 600米不等，因此无论就平均深度或最大深度衡量，太平洋均为世界最深的大洋。

世界最浅的海是亚速海，是俄罗斯欧洲部分南部内海，南以刻赤海峡

马里亚纳海沟

通黑海，面积38 840平方千米，平均深度8米，约为世界平均深度最大的海——南大西洋斯科舍海（平均深度3 400米）的1/400，最深点仅14米。海水总体积256立方千米，仅为世界最大的海——珊瑚海水量(1 003.8万立方千米)的四万分之一。海岸多湖、沙嘴。近代由于河流入海水量减少，海水含盐度从10‰上升到13‰，冰期2 ~ 3个月。

世界海水含盐度最低的海是大西洋属海波罗的海。海域位于欧洲北部斯堪的纳维亚半岛与欧洲大陆之间，以卡特加特海峡和厄勒海峡与北海相通，面积38.6万平方千米，平均水深86米，最深点459米。波罗的海多海湾，以波的尼亚湾最大，约占海域总面积的1/3，还有芬兰湾、里加湾、格但斯克湾等。由于海域位处北纬54° ~ 60° 高纬地区，气温较低，蒸发量小；受西风带影响，降水量较多；入海河川多，有大量淡水补充；被陆地包围呈封闭性海盆，与大西洋沟通的海峡既浅又窄，阻碍水体交流等诸多因素的影响，使海水含盐度极低。平均盐度7‰ ~ 8‰，为世界海水平均含盐度(35‰)的1/5，各个海湾的盐度只有2‰，河口附近有的全为淡水。

波罗的海风光

世界含盐度最高的海是位于亚洲阿拉伯半岛同非洲大陆之间的红海，含盐度北部高达

41‰～42‰，南部约37‰，深海底个别地点曾测到270‰以上，几乎达到饱和溶液浓度。造成红海含盐度高的因素有：北回归线横穿海域中部，受副热带高压带和东北信风带控制，气温高，全年有6～8个月月均温超过30℃，夏季月均温35℃以上，冬季25℃以上；全年干燥，年降水量少于200毫米，大大小于蒸发量；两岸无常年河川注入，得不到淡水补充；海域呈封闭状态，唯一沟通大洋的曼德海峡，有丕林岛及水下岩岭，水体交换受到限制等。

红海不仅是世界含盐度最高的海，也是地质年代最年轻的海，其面积约45万平方千米，是印度洋的边缘海。原先非洲大陆与阿拉伯半岛连成一体，同属冈瓦纳古陆。大约距今4 000万年前，在今日红海的中轴，地壳张裂，海水入侵，将阿拉伯半岛和非洲大陆分开，阿拉伯半岛缓慢地向东北方向移动，海底扩张，裂谷展宽，从红海中轴新生的洋壳将古老岩石基底向两侧推移。据观测，阿拉伯半岛平均以每年1厘米速率向亚洲压挤，按照这个速度再过几亿年，红海将扩大为今日大西洋一样的大洋。

红海洋壳非常薄，海槽纵贯中轴，宽度从几千米到24千米，平均深度558米，最深点3 050米。海槽中遍布活动的新火山，从洋壳裂缝中喷出的玄武岩，峭壁陡立。中轴区浅源地震多，南半部更频繁。深沟海盆热流温度高，水温可高达60℃，富集铜、锌、铁、锰以及金银等金属矿物。

世界透明度最大的海是马尾藻海，大体位于百慕大群岛以南，北回归线以北，由墨西哥湾暖流、北赤道暖流和加那利寒流围绕而成，是北大西洋的一部分。水温冬季18℃～23℃，夏季26℃～28℃，盐度36.5‰～37‰。因海面布满以马尾藻为主的藻类而

红海风光

图与文

唯一没有海岸的海是北大西洋中部的马尾藻海，西起西经75°左右，自此与西北美大陆尚隔着广阔的海域，其他三面是更为辽阔的大洋，四面均为茫茫大洋，不仅是世界透明度最大的海，也是世界上唯一没有海岸的海，即所谓“洋中之海”。

得名。其位置居大洋中央，远离江河河口，海面平静，浮游生物少，故海水清澈湛蓝，透明度深达66.5米，某些海区可达72米。海域水温、含盐度均高，海流、风向以顺时针方向运动，加之海藻丛生，不利航行。

世界上的海大多位于大洋的边缘部分，都与大陆或其他陆地毗连，有的四面被陆地包围，又可分为边缘海、地中海和内海等。马尾藻海仅有大体位置，有介于北纬23°～35°和西经40°～75°之间、北纬23°～35°和西经30°～68°之间、北纬20°～35°和西经30°～70°之间、北纬20°～635°和西经40°～75°之间与其他多种说法，大体以湾流和北赤道海流围拢的椭圆形海域为限，但其范围同样非常模糊，因此马尾藻海又是世界上唯一只有大概轮廓、没有确定界限的海。

多岛海是爱琴海，为地中海的一部分，位于希腊半岛（巴尔干半岛的延长部分）和小亚细亚半岛间，南北长610千米，东西宽300千米，面积21.4万平方千米，平均深度570米（另有362米等不同数字）。爱琴海岸线特别曲折，港湾众

爱琴海风光

多，岛屿星罗棋布。西方世界古时曾称这为Archipelago，原义“主海”（首屈一指的海），由于海中岛屿太多，此名又含有“多岛海”之意，后人们专门用作“群岛”的称呼。爱琴海的岛屿之多，在全世界50多个海中，无其他任何海可以相比。

图与文

沿岸国最多的海是加勒比海。世界上绝大多数海有一定数量的沿岸国，但加勒比海共有20个；地中海有17个沿岸国，位居第二。沿岸国在7个以上的海还有：南海（9个）、北海(8个)、红海（8个）、波罗的海（7个）等。

其岛屿遍布海内各处，其中希腊的属岛大体上从北至南分为7部分：一是色雷斯海（爱琴海最北端）部分，包括萨索斯和萨莫色雷斯岛等；二是东爱琴海部分，包括莱斯沃斯等岛；三是北斯波拉泽斯群岛，包括斯基罗斯岛和塞萨利亚半岛斯等岛；四是基克拉泽斯群岛，包括米洛斯和安德罗斯等岛；五是萨罗尼克群岛，包括萨拉米斯等岛；六是佐泽卡尼索斯群岛，包括罗得等13座岛屿；七是克里特岛及其属岛（克里特岛是爱琴海的最大岛屿）。土耳其的属岛自北而南主要有格克切岛（旧名伊姆罗兹岛）、博兹卡岛、阿利贝伊群岛和乌宗岛等。

难解的“魔鬼三角”之谜

北太平洋冬季的风浪是很大的，但是对万吨级以上的巨轮来说，它并不能构成严重的威胁。因为在船舶设计时，已经考虑了抗巨浪的能力，其强度显然是能对付这种风浪的。然而，对于在魔鬼海掀起的那些高达20 ~ 30米的金字塔形的“三角波”，许多巨轮却难以抗御，以致被送进魔鬼海的深渊。

这种奇怪的“三角波”的形成原因，至今还是个谜。有一种猜测是野岛崎以东海底是火山和地震活跃的地带，当海底火山喷发或海底地震爆发时，形成能量巨大的恶浪，当航行中的船舶遇上它时就会罹难。另一种猜测是来自不同方向的波浪和涌浪，在最恶劣的天气条件下，叠加形成了奇峰异波，当船舶与它遭遇时就要受难。“尾道丸”失事时遇到的情况，可能属于后一种。

“尾道丸”失事时遇到3种波浪：西南风产生的风浪，波高4米，周期约8秒；正西方向来的涌浪，波高6～8米，波长约200米，周期12秒；西北方向来的涌浪，波高4～6米，波长约250米，周期13～14秒。这3种波浪经过叠加后，波高可达14～18米。

“尾道丸”船员看到船首右舷突然出现的巨浪，可能就是在这种条件下产生的。另外，两种涌浪的波高都比风浪大，而且波长都在200米左右，因此合成的涌浪波长也会在200米左右，正好与船长接近。这样的波长对“尾道丸”威胁最大：当尾段在峰上时，船首会落在前一波峰上，腰部就悬空在波谷上；当腰部顶在波峰上时，船首、尾都悬空在前后两个波谷上。如此周期性的使船体受力情况非常不均，船很容易拦腰折断。

因此，即使是万吨级巨轮，一旦遇到这样复杂而巨大的三角波，也难免遭受意外，人们应从“尾道丸”等船的遇难中吸取沉

图与文

“百慕大魔鬼三角区”名称的由来，是1945年12月5日美国19飞行队在训练时突然失踪，当时预定的飞行计划是一个三角形，于是人们后来把美国东南沿海的大西洋上，北起百慕大，延伸到佛罗里达州南部的迈阿密，然后通过巴哈马群岛，穿过波多黎各，到西经40°线附近的圣胡安，再折回百慕大，形成的一个三角地区，称为百慕大三角区域“魔鬼三角”。在这个地区，已有数以百计的船只和飞机失事，数以千计的人在此丧生。

痛的教训。

为了揭开“魔鬼海”三角波之谜，保证冬季北太平洋航线航行的安全，日本准备在“魔鬼海”上建立自动观测浮标，这种浮标的直径为10米、高12米，能自动记录大洋波浪、气压、风力、海流等资料。另外，还要派出海洋调查船，对海底地形、海洋气像、海洋环境做全面调查，以便综合分析海情。这项调查的总预算约2亿日元，也许所获得的成果，可能解开“魔鬼海”之谜。

数百年前，人们就开始了对旋涡的研究。然而，富有成果的研究却是在最近几年。10多年前，美国有一位研究旋涡的学者，在“澡盆实验”中发现，澡盆在放水时，总是朝逆时针方向旋转。经过他的不懈努力，终于发现旋涡旋转的方向与地球自转有关系，从而得出北半球的旋涡方向是逆时针方向，南半球的旋涡方向是逆时针方向，赤道附近水面略呈漏斗形，但出现不了旋涡。于是，地球自转跟台风的规律被摸清了。

最近，国外有位研究旋涡的学者，把一道强光以60° ~ 75°的入射角，入射模拟的旋涡中，结果使这个“凹面镜”聚焦点燃了一张薄纸片。这引起他莫大的研究兴趣。他断言：百慕大三角区的千年悬案，真相大白有期了。

原来，百慕大三角区自20世纪50年代以来，先后有上百架飞机、200多艘舰船在此神秘地失踪。人们做出种种推测，但毫无结果。气象卫星也没找到真凭实据。可是，从该海区的照片上可以清楚地发现：整个海区遍布着一个又一个巨大的旋涡，有的直径数千米，有的甚至

百慕大三角区

达数百千米。他们称这种旋涡是中尺度涡。成千上万个中尺度旋涡就是无数个“凹面镜”。太阳光的入射角为60° ~ 75°。照射在一个直径1 000米的旋涡中，则聚光焦点直径有1米左右，温度可达几万摄氏度。这么高的温度足以使飞机、舰船顷刻间熔化或爆炸。直径大的旋涡，其聚焦温度更高。夜晚，巨大的旋涡虽然无法聚光，但它飞速旋转，必然引起电磁场扰动，进而引起磁罗盘和其他航海仪表失常，使飞机、舰船失控而葬身海底。当然，造成飞机、舰船神秘失踪的，并不排除其他因素。

1980年12月27日—1981年1月8日，短短的12天中，5艘远洋巨轮、128名船员，统统葬身在西北太平洋的魔鬼海中。人们谈“魔”色变，却又不知“魔鬼海”的“魔力”究竟是什么。

1981年3月，“马孔纳贸易家”号远洋货轮及其31名船员在魔鬼海历险，竟然奇迹般地闯了过来，到达了东京港。不过，这艘4万吨重的巨轮的艏部被切去了11米。惊魂未定的船长向人们叙述他们在“魔鬼海”上的惊险遭遇。他说：“风平浪静的海面突然涌起30多米高的巨浪，迷信的船员们都以为自己已被一种超自然的‘魔力’攫住了。刹那间，船艏出现了一道裂缝，一大块加强钢板便像草纸一样被巨浪席卷而去……”

日本海上保安厅对这艘幸免于难的巨轮进行了详细的研究，保安厅发言人于1981年12月13日公布说：“魔鬼海上为非作歹的‘魔鬼’就是巨浪。其高度超过30米，速度快得难以想象，它呼啸而来，力量大得足以把万吨巨轮劈成两段。”日本海洋学家初步认为，这种巨浪是由于沿日本东海岸北向运行的暖流——黑潮，同南下的西伯利亚冷空气骤然相遇而造成的。

为了彻底揭开魔鬼海之谜，日本政府决定制造一个重达40吨的“机器人观察员”，把它放置在魔鬼海的中央，观察那里的变化。预计这个机器人不久将开始服役，履行职责。同时日本政府还决定造一艘6 000吨的救难船，船上的直升机将时刻在魔鬼海视察巡逻。相信不久的将来，魔鬼海之谜定能大白于天下。

究竟是谁在作怪

1951年10月，一艘巴西的军舰在亚洛尔群岛西南方向的海面上航行，后来船和水兵一起神秘失踪了。次日，巴西方面派出飞机和舰船前往找寻，一架水上飞机在海面上搜寻时发现，海面下有一个庞大的黑色物体在飞速前进，而且速度快得惊人。这说明这绝非海底生物，同时庞大的体积又说明，它又非水中的鱼类。在这天夜里和次日凌晨，有人在这一海域看见了一种奇异的极其明亮的光，但谁也无法说清这奇异的物体和奇异的光芒从何而来。

图与文

既然这里出现如此众多的奇异事件，那么人们当然要问究竟是什么在这里捣鬼?

从这片魔鬼三角海域侥幸逃脱出来的人，他们的回忆也许能给我们提供一点线索。

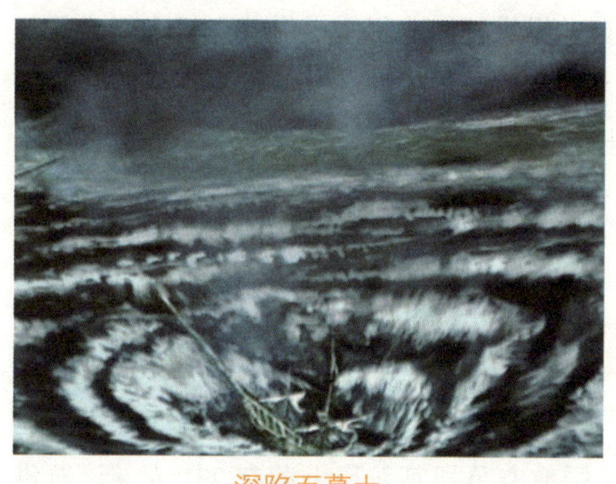
深陷百慕大

美国海难救助公司一船长说，他有一次从波多黎各返回佛罗里达，途中船上罗盘的指针突然猛烈摆动，虽然柴油机仍在运转，但毫无功率。海浪从四面八方朝船扑来，看不到水平线，船的四面都是浓浓的大雾。他急忙命令轮机手全速前进，终于冲出大雾。奇怪的是这大雾以外的海面浪并不大，也没有雾。水手们都说，这辈子从未见过这种怪事。

1972年9月，美国籍货轮"噩梦"号航经百慕大三角海域时，突然船上所有的灯都暗了下来，罗盘也失灵了。水手们感到事情不妙，赶紧根据陆地的灯光定向，把船朝西驶去。航行片刻，他们发现船原本是向北行驶，但无论如何他们也纠正不了航向。这时候，天空出现一个庞大的黑色物体，遮住了星星。一道亮光射进这个物体。不久，它又不见了，船也恢复了正常航行。

天空中这个黑色物体和前面说到的水下的那个黑色物体有无联系，或者说它们是否为同一物体？没有人能够回答。人们只能说："这是耐人寻味的。"显然，这里存在着一股神秘而强大的、看不见的力量。

1977年2月，一架私人水上飞机掠过百慕大三角海域，飞机上的几位朋友正在吃饭，突然发现盘子里的刀叉都变弯了。当时罗盘指针偏转了几十度，他们加速逃离这个可怕的航区。返航后他们发现，录音机磁带里录下了强烈的海的噪声。海，怎么能发出噪声呢？

一位老飞行员说了一件怪事。一次，他在百慕大三角海域7000米高空做夜间飞行。起初，一切正常。忽然他发现机翼两侧光芒闪闪，他以为是机舱玻璃反光，但反光不可能这么强烈，强光刺得他睁不开眼，连仪表也看不清楚，而飞机亮得像个透明的玻璃物体。他抬起头，觉得天空亮得连星星都看不见了。他赶紧关闭自动操纵杆，改用手操纵着飞机飞行。几分钟后，亮光渐渐消失，一切恢复正常。夜空中的亮光从何发射而来？老飞行员答不上来，相信你也答不出来。

再现的失踪者

2009年6月1日14时，法国航空公司某航班上载有231人，该航班

1 日在巴西海岸外的大西洋上空从雷达屏幕上消失。法国航空公司证实，这架航班号为 AF447 的空客 A330 飞机已失去联系，机上载有 216 名乘客和 15 名机组人员。百慕大三角再次掀起冒险热潮。

图与文

“时空无时不在，无处不在。”这是一个哲学命题，也是人们通常最普遍的认识误区之一。根据科学家们判定：在通古斯陨石坠落的地区、核武器实验地区、切尔诺贝利原子能发电站附近以及其他有死亡威胁的地方，即使最精确的表也会不准。有时发生的某种不可思议的事，好像“时间断裂”一样……神奇的海洋上，似乎也时时向人们展示着时间断裂。

案例一：1981 年 8 月，一艘名叫海风号的英国游船在“魔鬼三角”——百慕大海区突然失踪，当时船上 6 人骤然不见了踪影。不料，时过 8 年，这艘船在百慕大原海区又奇迹般地出现了！船上 6 人安然无恙。

这 6 个人共同的特点就是当时已失去了感觉，对已逝去的 8 年时光他们毫无觉察，并以为仅仅是过了一瞬间。当调查人员反复告诉他们已经过去了 8 年，最后他们才勉强接受这个事实。当问他们当时都做了些什么事时，他们无话以对，因为他们只感觉过了一会儿，似乎什么也没干。

调查人员之一澳大利亚 UFO(不明飞行物)专家哈特曼对此十分兴奋，因为在百慕大海区失踪的人员重新再现，这还是首次。虽然以前曾有失踪的船只出现，但无法弄清楚事情的始末。尽管这 6 个人未能圆满回答调查人员的问题，但他认为，用催眠术很可能搞清他们这次奇遇的细节，从他们身上会得到惊人的发现。

这件怪事，虽然出现了时间差异，这对于研究第 I 类世界和 II 类世界之间的时间差异问题是绝好的案例，也是对“时间隧道”进行研究的好素材。这是在诸多不明飞行物案例中，当事者产生时间丢失或产生衰老现象是同样重要的案例，引起了有关科学家极大的重视。

案例二：1954 年在加勒比海，驾驶员夏里·罗根和戴历·诺顿驾驶气球和其他 50 名参赛者参加气球越洋比赛。当时天气晴朗，视野清晰。突然，在众人面前，这个气球一下子莫名其妙地消失了。

1990 年，消失多年后的气球又突然在古巴与北美陆地的海面上出现。它的出现曾使古巴和美国政府大为紧张，特别是古巴，误以为美国派出秘密武器来进攻了。

古巴飞机驾驶员真米·艾捷度少校说："一分钟前天空还什么也没有，一分钟后那里便多了一个气球。"当时古巴军方在雷达上发现了这个气球，以为是美国的秘密武器，曾一度派飞机想把它击落，最后大气球被古巴飞机迫降在海上，两名驾驶员则由一艘巡洋舰救起，送到古巴一个秘密海军基地受审。

这件怪事不但古巴人感到惊讶，连两个驾驶员诺顿和罗根也同样感到迷惑不解。这两个驾驶员说他们当时正在参加由夏湾拿到波多黎各的一项气球比赛。他们不知道时间已经过去了 36 年，他们只是感到全身有一种轻微的刺痛感觉，就好像是微弱电流流过全身一样，然后一眨眼他们面前的一切包括大海和天空都变成一片灰白色，接着他们记得有一架古巴飞机在他们气球面前出现。

芝加哥调查员卡尔·戈尔曾查证过罗根与诺顿的讲话，他们确实在 1954 年参加一项气球比赛途中神奇地失踪。戈尔认为这气球进入了时间隧道，"对他们来说可能只是一瞬间，可在地球上却已过去了 36 年，相差很大。"因此说，这是比地球时间慢的一条神奇隧道。

类似上述的案例还可以列举许多，其共同点就是失踪者再现时时间变慢，但是也有失踪者感到时间变快的案例。

案例三：在百慕大魔鬼三角区出现过这样的怪事，一艘前苏联潜水艇一分钟前在百慕大海域水下航行，可一分钟后浮上水面时竟在印度洋上。在几乎跨越半个地球的航行中，潜艇中 93 名船员全部都骤然衰老了 5 ~ 20 年。

此事发生后，前苏联军方和科学界立即开始对潜艇和所有人员进行调查，并作出三份报告。

其中研究人员阿列斯·马苏洛夫博士认为：“这艘潜艇进入了一个时间隧道的加速管道。虽然对它仍知之甚少，不过除此之外，无其他更合理的解释。”“至于在穿越时空之际，速度对人体有何影响，我们也知道不多，只知道对人体某些部位有影响。那些船员竟在很短时间内衰老了5～20年，却是我们前所未见的。”

该潜艇指挥官尼格拉·西柏耶夫说：“当时我们正在百慕大执行任务，一切十分正常，不知什么原因，潜艇突然下沉。”“它来得突然，也停得突然，接着一切恢复了正常，只是我们感觉有些不妥，便下令潜艇浮出水面。”“整个事件发生得实在太快了，我们连想一下的时间都没有，而当时我们的领航仪表明我们的位置已在非洲中部以东，就是说与我们刚才的位置相差1万千米。潜艇立即与前苏联海军总部进行无线电联系，联系结果证实他们潜艇的位置的确在印度洋而不在百慕大。”

这艘潜艇回到黑海的潜艇基地后，艇上人员立即由飞机送往莫斯科一个实验室接受专家检查，结果发现他们明显地衰老了，典型特征是：皱纹、白发、肌肉失去弹性和视力衰退等。从使人衰老这方面看，这的确是一个悲剧，但从科学上看，这却是一个可喜的新发现。这些船员所经历的事告诉我们，可能有一个比地球时间快的时间隧道。

案例四：1945年，一艘战舰触雷，美国25名士兵漂流海上，1989年获救。

1945年在南太平洋由于遭到日本潜水艇袭击，与美国海军印第安纳波利斯号巡洋舰一起沉没在大海的25名美军士兵在1989年被菲律宾渔民救起。

当人们接到SOS求救信号后，发现这25名美军士兵正坐在一个海军救生艇中，在菲律宾南部的西里伯斯海漂浮。他们所在的那个区域常有神秘的失踪事件发生，人们称为“南太平洋魔鬼三角”——即龙三角海区。

美国海军当局对这批水兵的出现感到困惑不解，那些重新出现的士兵，就像45年前巡洋舰沉没时那样年轻，而被救起的25名美国士兵认为自己仅漂流了9天，实际上地球时间已过去了45年。

印第安纳波利斯号巡洋舰的沉没是美军历史上最不幸的事件之一。当那条船秘密向冲绳岛运送原子弹部件后向菲律宾开出时，突然遭到5颗水雷拦阻袭击而沉没大海，当时甲板上总共有 1 196 人。而此次海难仅有 25 人获救，其余 1 171 人命归何处，尚不知晓。对此，我们除了用时间隧道解释外实难理解。

如果我们按照士兵所说的 9 天比 45 年来计算，当时巡洋舰的航行速度与地球自转速度 (250 米 / 秒) 相比可以忽略不计，那么初步计算，巡洋舰假如进入了时空隧道，根据推算，那么它起码应达到 844.9 千米 / 秒的高速度，显然这个速度还远远没有达到光速。可惜，目前做这样的试验尚有困难。

案例五：1990 年 8 月在委内瑞拉卡拉卡斯市的一艘失踪了 24 年的帆船尤西斯号在一处偏僻海滩搁浅再现 (这只船是在 24 年前一次飓风中在百慕大三角区失踪的)。帆船上 3 名船员由土著居民救起之后，就送到卡拉卡斯市寻求援助。

为这 3 个人检查身体的医生说："这 3 个人虽然经历这么多年，但一点也没有衰老，好像时间对他们已完全停止了。"柏比罗·古狄兹医生说："这 3 名船员中最老的一个在失踪时是 42 岁，按理说他现在应该是 66 岁的老人，可是现在看起来依然像 40 多岁，身体非常健康。"

这 3 名船员之一——来自美国缅因州的职业渔民柏狄 · 米拿说："我们什么也记不清了，只知道当时起了场飓风。我们当时扬帆出海，驶向艾路巴小岛，希望能捕到当地盛产的马林鱼。然而忽然天色大变，转眼漫天乌云，电闪雷鸣，波涛汹涌，我们便立即将船向岸边驶去，这便是我所知道的所有经历。我还知道的就是我们的船只搁浅了，当我们向那里的土人问起时，才知道今年是 1990 年。最初我们还以为对方在开玩笑。我们是 1966 年 1 月 6 日出发的，原来打算出海捕鱼 7 天，没想到一去就去了 24 年！"

船上最年轻的 19 岁的提比 · 保利维亚说他记得遇到 1966 年那场飓风前，他们还捕到一条金枪鱼。当他们回到岸上后，当局派人上船调查，在船舱冷藏库中真的找到了那条金枪鱼。调查人员说："这条鱼仍然十分新鲜，就好像是刚捕到的一样。"

英国政府曾查阅 1966 年记录，证实当年确有这么一艘帆船无影无踪了，原因不详。

此事只能有一个解释：帆船进入了时间隧道中，时间变慢。至于如何进入时间隧道？是否有不明飞行物在现场作怪？目前尚不可断下结论。与此案情颇类似的现代案例是 1994 年夏，一架由菲律宾起飞的客机飞往意大利，中途经过非洲东部上空时，突然失踪了 20 分钟（在雷达屏幕上消失后再现），到达意大利机场时晚点 20 分钟。可是，机上乘客和机组人员一无所知，每人的手表指针也没有晚点。该飞机是否进入时空隧道，还是受不明飞行物影响作用所致？有待探讨。

案例六：1939 年夏天的一天下午 3 点 30 分，美国一架军用运输机从圣地亚哥的海军陆战队航空基地起飞，去执行任务。3 个小时后，这架运输机飞到了太平洋上空，从那里向航空基地发出求救信号。航空基地的人们正在接收它的求救信号，突然信号中断了。这架运输机肯定是发生意外了，大家的心情顿时紧张起来，不停地为它祈祷着，但愿它能脱离危机，平安无事。

就在大家高度紧张的时候，一件令人吃惊的事情出现了。不知道过了多长时间，那架运输机突然来到了航空基地的上空。只见它摇摇晃晃在基地上空慢慢地飞行着，并且从无线电对讲机里传出一阵要求紧急迫降的话语。基地的人们赶紧告诉他们，可以迫降，一定要注意安全。这架运输机还是那样摇摇晃晃地飞行着，慢慢地朝着地面降落了下来。

等到这架运输机降落下来以后，人们飞快地赶了过去。运输机里的情景一下令人们惊呆了，原来这架运输机上共有 13 个人员，可现在已经死了 12 个。唯一活着的是副驾驶，可是他也受了重伤。这个副驾驶硬是凭着坚强的毅力，把飞机开了回来。人们再仔细一看，那已经死了的 12 个人身体上全都有很大的伤口，他们的子弹全都打光了，弹壳散得到处都是，机舱里充满了硫磺的气味，那么这架运输机在百慕大三角海域，是遇到了什么特殊和危险情况，还是碰到了什么可怕的敌人呢？现在，只能从副驾驶的嘴里了解了。但不幸的是几分钟以后，那个副驾驶也死了。临死之前，他什么也没有说出来。

第五章

水的现状

水是构成人体组织细胞必不可少的成分。人不吃东西，依靠水几乎可以活两个月，而不喝水就只能活几天，人体若失水 20% 以上就有生命危险了。医生说，一个健康的人每天至少要喝 8 ~ 10 杯水，每杯 140 毫升。美国加州洛杉矶国际体育医药研究所提供的每天饮水量公式是：假如你运动不多，每 0.5 千克体重须喝 15 毫升；假如你是运动员，每 0.5 千克体重该喝水 20 毫升。水对我们来说如此重要，那么全球水的现状如何呢？

水的现状

水是生命之源，没有水就没有生命，生命和水是分不开的。大象身体的 70% 是水，马铃薯的水分含量为 80%，西红柿约为 95%。成年人体内含水量占体重的 65%，人体血液中 80% 是水。如果人体里的水分减少 10%，便会引起疾病，减少 20% ~ 22% 就会导致死亡。

人体中的水调节体温，促进新陈代谢，输送营养物质、排除废物，忙碌而有秩序，同时水也参加复杂的化学反应，与蛋白质、糖、磷脂结合，发挥复杂的生理作用。一个健康的成人，平均每天要喝 2 200 毫升水，再加上体内物质代谢产生的内生水 300 毫升，总共 2 500 毫升，每天经皮肤和粪便排除与此相等数量的水。简言之，每天中稍加间隔就需要而且是必要的水补充和排出，这是生命的象征，也是生命的内容。对人来说，水是可敬的，也是可畏的。

世界上水的总储量约有 14 亿立方千米，平铺在地球表面上约有 3 000 米高。地球表面 70% 被水覆盖，因此有人把地球说成是蓝色星球。地球上的水 97.2% 都分布在大洋和浅海中，这些咸水是人类无法直接利用的（要利用就要海水淡化，但成本高）。陆地上两极冰盖和高山冰川中的储水占总水量的 2.15%，目前也无法直接利用。余下的 0.65% 才是人类可直接利用的。从数字上可以看出，水是丰富的，但可利用的淡水资源是极其有限的。若把一桶水比作地球上的水，可用的淡水只有几滴。人类用水量中，25% 的消费被用于工业，70% 以上则用于农场和牧场。农业是用水矛盾最突出的领域。

当今世界的水资源分布十分不均。除了欧洲因地理环境优越、水资源较为丰富以外，其他各洲都不同程度地存在一些严重的缺水地区，最为明显的是非洲撒哈拉以南的内陆国家，那里几乎没有一个国家不存在严重缺

水的问题，在亚洲也存在类似的问题。例如，公元前每天人均耗水约12升，中世纪时人均耗水增加到20 ~ 40升，18世纪增加到60升，当前发达国家一些大城市人均每天耗水500升。在发展中国家，对水的需求量也日益增加，如我国近20年城市用水翻了几番。

为水而引发的战争，如土耳其给幼发拉底河以及底格里斯河畔的大型水利工程配备了地对空导弹，抵御军事袭击，约旦盆地也潜伏着水的争端。那里许多蕴藏地被掠夺破坏，以致海水涌入，使地下水不能再为人所用。为了避免冲突，科学咨询委员会要求制定“世界水宪章”，签署国有义务以和平的方式解决水争端。

我国水资源总储量约2.81万立方米，居世界第六位，但人均水资源量不足2400立方米，仅为世界人均占水量的1/4，相当于美国的1/5，俄罗斯的1/7，加拿大的1/48，世界排名110位，被列为全球13个人均水资源贫乏的国家之一。全世界有60多个国家和地区严重缺水，1/3的人口得不到安全用水。20世界90年代初，我国476个城市中缺水的城市近300个。

1998年，我国主要流域（水系）中，辽河、海河污染严重，以五类或劣五类水质为主；淮河水质较差，五类或劣五类水质也占到50%左右；黄河局部河段污染严重；松花江水质以四类水质为主；长江、珠江水质良好，以一至三类水质为主。滇池、巢湖、太湖富营养化问题突出。

水体的划分主要有五类：一类指未受任何污染的源头水；二类指重要的集中式生活饮用水源一级保护区及珍贵的鱼类保护区、鱼虾产卵场；三类指集中式生活饮用水源二级保护区及一般鱼类保护区、游泳区；四类指一般工

图与文

富营养化是指在湖泊、水库、海湾、水口，由于氮、磷等植物营养成分大量积聚，使水生生物，特别是水藻类过分繁殖引起污染的现象。富营养化还可能使有些湖泊由贫营养湖变为富营养湖，进一步发展为沼泽和干地。

业用水区及人体非直接接触的娱乐用水区；五类指一般农业用水区及一般景观要求的水域。

北京因水而建都，北京市的水资源由入境地表水、境内地表水和地下水组成。地表水和地下水主要靠降雨补给。1996 年全市水资源总量为 45.8 亿立方米。北京水资源的特点：北京属华北地区干旱少雨气候，水资源严重不足；年际变化大，如 1959 年降雨量达 1 406 毫米，而 1993 年却只有 400 毫米；降雨多集中在 6—8 月，往往形成地表径流，不易补充、涵养地下水。

北京的五大水系：蓟运河水系、潮白河水系、北运河水系、永定河水系、大清河水系。共有大小河流 100 余条，全长 2 700 多千米。有大小湖泊、水库 120 余座。

北京人均水资源不足 300 立方米，仅为全国人均的 1/8，世界人均的 1/32。若世界人均一杯水，我国人均只有这杯水的 1/4, 北京人均只有这杯水的 1/32。

北京市区自来水供应量为 245 万立方米 / 日，其中 40% 来自地下水，60% 来自地表水（地表水主要是密云水库的水）。1999 年夏天，北京用水量高峰达 244 万立方米 / 日，差一点就不够用了。官厅水库原是为北京提供饮用水的，由于近 20 年来水量大量减少，水质受到上游河北张家口一带工业的污染，已不符合饮用水标准，不再向市区供饮用水，而做工农业用水。

北京曾发生的水危机。20 世纪 60 年代中期的城市供水危机是靠开挖京密饮水渠饮用密云水库的水化险为夷的。70 年代的供水危机是以牺牲子孙后代的水资源为代价，过量开采地下水来勉强度日（现已有近 2 000 平方千米的大漏斗）。80 年代初期，华北地区连续 5 年出现干旱，北京用水极为紧张。国务院决定密云水库的水只给北京供水，河北和天津市人民为保证首都人民用水做出了重大牺牲。

目前，城市管网漏水率达 20%，即供水中 1/5 被白白浪费了，每年跑冒滴漏的水相当于 13 个北海的水。怎么办？美国洛杉矶、以色列等缺水城市污水回收率已达 90%，1999 年北京城市污水处理率是 22.4%，回收率更低。

美国 1992 年立法，规定全国每户家庭用水量从原来的 291 升降至 204 升，而北京家庭计划用水量为每天 360 升，偏高。

一滴水等于血液

朋友，你知道“望洋兴叹”这句成语的由来吗？《庄子·秋水》里说，河伯（即河神）因河水上涨而洋洋自得，自以为了不起。后来到了海边，看到无边无际的海洋，才感到自己并不伟大，望着海洋喟然叹息，自愧弗如。由此而得“望洋兴叹”之说。

神话中河伯叹的是自己渺小，而今天海湾战争后，科威特的海水淡化厂被伊拉克摧毁，淡水中断，人民生活濒临绝境。面对滔滔大海却水贵如金，只得望洋兴叹、徒唤奈何！

滴水的价值是多少呢？鲁迅在《二心集·〈进化和退化〉小引》中写道：“林木伐尽，水泽湮枯，将来一滴水将和血液等价。”你也许认为这是危言耸听吧？

数字是最好的回答。据估算，全球水资源总共为 14×10^9 亿吨，人均达 2.8 亿吨，可谓富足。遗憾的是，其中含盐分高的咸水竟占 97%，陆地淡水只占 2.8%，淡水中又有约 70% 在难以利用的两极和雪山、冰川中，剩下仅 1% 的 1.4×10^8 亿吨可供人类使用，而且其中还包括地下水和天空水。目前，人们生产和生活中所使用的仅限于河流、淡水湖和浅层地下水，其储量为全球淡水总

图与文

据说从天外观看，地球是蔚蓝色的，美丽极了。这可能是地球表面面积的 71% 被海洋覆盖的缘故。我们生活在这个“水球”上怎么还会缺水呢？怎能把一滴水的价值和血液相提并论呢？

储量的 0.3%，是全球总水量的十万分之七，加之地域和季节上的不均衡，使缺水问题更加突出。

我国拥有 2.8 亿立方米的水资源，居世界第六位，但按人均拥有量计算，还不到世界人均占有量的 1/4，名次也下降到第 88 位，属贫水国之列。特别是我国水资源分布极不平衡，东南多、西北少。黄河、淮河、海河流域和东北、西北的耕地为全国总数的 63.7%，人口为 46%，年每亩耕地的占水量却只有 17%。

还在几千年前，我们的祖先就已经意识到水资源的贫乏，曾流传有夸父逐日的神话。夸父在追逐太阳的途中，口渴，饮渭河水。因河水少不足解渴，只得另寻大江，但还未走到江边，就渴死于路上，随身手杖落地化作一片绿荫。故事反映出当时人们已悟到，大自然赐予我们的水并不丰富。夸父留下的绿荫意示其蓄水的功能。人类社会就凭借着绿色世界和水而生存发展。

你也许会认为，地球两极的冰川、雪山不是储藏着丰富的淡水吗？是的，人们早就打着从两极取冰水的主意了，如智利正研究如何牵引、推运厚 200 多米、长数千米、宽 1 ~ 2 千米的巨大浮冰的技术；沙特阿拉伯打算用激光去切割冰块，再用塑料包装运输回去使用。可是由于燃料燃烧，排放的二氧化碳之类“起温室效应的气体”大量增加等，导致全球气候变暖，气温升高使海水受热膨胀，两极冰川、雪山这一天然淡水库受到威胁，极地边沿冰层开始融化，向海里流失。从卫星拍摄的图像中发现，每年向海水中移动的冰域为 10.5 米 ~ 2.4 千米。20 世纪 70 年代以来，南极冰域已缩小了 2.848 万平方千米。

水从天上来——大雪

冰川的消融不仅使人类

寄予厚望的“淡水库”失色，气候变暖导致海平面的上升还将给人类带来：加剧台风、暴雨及洪水的灾害；一些沿海地区和岛国会被海水吞没，后果极为严重。茫茫苍穹雨雪纷飞多有时日，难道雨水、雪水不能用吗？

不错，天水的总量尽管不多，但其循环速度却快得惊人，一个循环周期只要 8.7 天，而海洋要 4 000 年！也就是说天水每年可循环 42 次，所以一年天水的水量便是 11.76×10^6 亿吨，为地表水的 8.4 倍。看来这足以满足 5 ~ 10 倍目前全球人口的需要，真是“地上水贫天上富”啊！可是，这些天水一到凡间，便有 2/3 迅速流失得无影无踪。它们又性喜合群，一些地方暴雨成灾，一些地区又天干地裂，有的则四处藏匿，难觅踪迹，夺取天水又谈何容易！

江河并非万古流

流贯美国大陆，世世代代哺育着美国人民而被尊称为“百川之父”或“老人河”的密西西比河，曾被不肖后人当作排污纳垢的下水道，以致身染百毒，使新奥尔良和卡维尔地区的饮水中含有 46 种有机物，沿河居民的膀胱癌发病率大大升高。美国几乎一度找不到一条洁净的河流，只有肮脏、较肮脏和最肮脏的区别了。被污染河流的颜色五花八门，染料厂把托马克河染成红色，炼

图与文

我国年排污废水 368 亿立方米，且以每年 7.7% 的幅度递增；82% 的江河湖泊受到污染，每年水污染造成的直接经济损失在 434 亿元以上。我国 27 条主要河流中有 15 条被严重污染。沱江、湘江、深圳河、苏州河……一条条失去昔日的风采，如同“珠江月夜”、“唐皇古渡”、“雁江夕照”，成为一段古文明的美好记忆。

油厂把德拉华河染成黑色，南方纺织厂把河水漂成白色……居民们为避免饮用受污染的水，只好饮用瓶装水，甚至饮用从格陵兰岛运来的冰川水，不少人趁此大发“水难财”。

四川腹地有一条重要的河流——沱江。千百年来，它是两岸人民灌田耕作、生活用水的主要水源，河水清澈优良，有多种国家级鱼类，水产资源丰富。沱江流域农业发达、物产丰富，是四川粮、棉、油和甘蔗的主要产地之一。如今江水逐年变污发臭、日益枯竭，鱼虾逐年递减、渔业由兴到衰。沱江流域肿瘤患者和死亡数呈逐年上升趋势，肝大几乎是沱江流域居民的普遍现象。近来还出现一种以损伤人体大关节为主的怪病，患者四肢短小，体质羸弱。沱江两岸千万人民经受着污染致病的威胁，有的被迫举家背井离乡，迁徙异地；有的自费凿井以求生存。黄浦江黑臭期以30%速度逐年递增，1992年1—8月黑臭期已高达200余天。

“烟笼寒水月笼纱，夜泊秦淮近酒家。商女不知亡国恨，隔江犹唱后庭花。”从唐代诗人杜牧这首《泊秦淮》中，可以想象到，秦淮河在六朝时代曾是个风光旖旎、繁华的商业区，也是豪绅显贵取乐之地。

昔日清流潺潺的秦淮河

素有东方威尼斯之称的我国水乡城市苏州，曾因“人家尽枕河”、“水港小桥多”、“门前石街人履步，屋后河中舟楫行”的独特风貌，成为世界地理上的美谈。清流潺潺的秦淮河、苏州河曾一度因垃圾、污水的祸害而淤塞发臭。顺口溜“50年代淘米洗菜，60年代水质变坏，70年代鱼虾绝代，80年代洗不净马桶盖。”正是对其水质变化的真实写照。

水污染的悲剧

日本九州岛八代湾上，有一个人口不足5万的小镇——水俣市。20世纪50年代初，镇上的猫、狗发疯似的跑到海边跳水“自杀”，镇上居民也有不少人出现上肢麻木、神经错乱、不停“发抖”、两手摇摆不止，乃至全身僵直、耳聋眼瞎的病况。更可怕的是，这些人的后代长大后，连自己的父母都分不清，其智力低下到连狗都不如。5万人的小镇患者竟高达22 200人。

当时由于病原不明，当地人把这种病叫做“水俣病”。80年代统计，镇上患者已死去400人。全国患者达3万之多，死亡逾千人。病因现已查明为汞中毒，污染源为水俣氮肥厂排放含汞废水到八代湾，汞沉于滩涂，被鱼贝所食，人、狗、猫吃了这种鱼贝所致。

痛痛病是20世纪50年代日本富山县的神通川流域流行的一种怪病。初期关节痛，随后全身痛，刺痛难忍，步态摇摆。几年后，骨骼软化变形易折，咳嗽一下都会导致胸骨震裂。身体萎缩，严重者身高缩短20 ~ 30厘米，周身骨折可达70多处。晚期患者呼痛不绝，在极度痛苦中死去，故称为“痛痛病”。原因是神通川上游炼锌、铅的工厂年复一年地将含镉废水排入河中，两岸居民长期饮用这种河水，吃河水灌溉长出的稻米，镉在体内积聚，终于引发为周身剧痛的“痛痛病”。

塞纳河把巴黎分成左右两岸，观看塞纳河两岸的风光是旅游巴黎的传统项目。可现在游人一到河上，个个紧皱眉头。这条法国的第二大河流经1 700多万人的居住区，沿途所带来的废物、污水使河水浑浊变质。塞纳河仅巴黎河段，每年从河中可打捞到约40具尸体，数不清的破旧冰箱、电视机、汽车等垃圾，还有能引起“痛痛病”的镉、引起“水俣病”的汞，损害人的消化道、肝、肾、神经系统和皮肤的砷以及多氯联苯、有机氯……足足13种毒俱全。1991年当局已把塞纳河划为危险区。

图与文

中华鲟是个十分古老的鱼种，它形成于下侏罗纪至下白垩纪，先于人类2亿多年。早在西周时就被视为珍品，周天子曾用此鱼作隆重祭仙祭品，祈祷五谷丰登。镇江渔民亦据此称这种我国特有的中华鲟为“神鱼”。中华鲟是属于熊猫那样珍贵的国家一级野生保护动物。

1989年8月17日晚8时，湖北宜昌市鄢家河畔的公路上，徐州某化工厂一辆满载着剧毒化工原料——黄磷的汽车翻倒在桥下，近5吨黄磷倾入河中。事发点距长江干流15千米。一个星期后，葛洲坝水厂飘浮起大量死鱼，其中有家鱼3.5万斤、中华鲟8尾、名贵的胭脂鱼244尾。国宝惨遭厄运，饮用江水的100多居民也不同程度地中毒。

水 荒

全球用水告急！目前人类年用水量近4万亿立方米，有60%的陆地面积淡水供应不足，20亿人饮水短缺，100多个国家缺水，严重缺水的已达40多个。中国缺水城市300多个，严重缺水的有100多个，农村有5 000万人和4 000万头牲畜饮水供应不足，3亿亩农田受旱。萨赫勒地区数十万生命被干旱夺走的事件震惊全球。

世界上目前的水量和1 000年前基本一样多。20世纪初，全球人口约16亿左右，到了1987年达到50亿，到2011年全球人口已突破30亿。人均水资源拥有量将从1975年的1.18万立方米减至7 400立方米。到2025年，全球人口将突破80亿大关，人均水资源拥有量还要大幅度减少。

在人对水拥有量锐减的同时，随着人口急增和工农业生产的迅速发展，人对水的耗用量近几年来以4%的速度递增，不少国家的用水量10年中增

加了一倍。按目前这种情况发展下去，到2100年地球上所有河水将被耗尽，到2300年地球地质圈内的水资源储备将不复存在。

耗水量不断增加，拥有水量不断减少，地球将变成干渴的星球。工业除生产用水外，对水的污染也极其严重。目前，全世界每年约有4 200多亿立方米的污水排入江河湖海、污染了55 000亿立方米的淡水，相当于全球径流总量的14%以上。污染加剧了“可用水量”的萎缩，使人们在干旱之外再饱尝污染之苦。

图与文

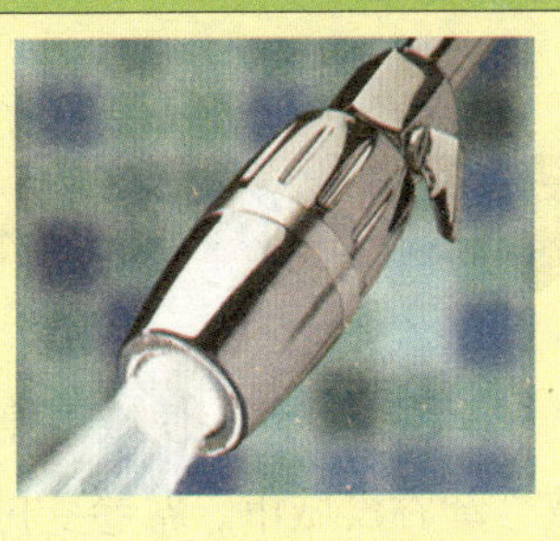

其实，人们对水的生理需要有限，每天1～2升便足够人们活下去，但是现代文明生活对水的需求却是无限度的。冲洗一次马桶就得用上10升水，洗个澡要100升水。人们无节制地耗水，既是一种需求，也是一种浪费。

人类已无法回避水危机这一严峻的现实：能源危机可以通过开发核能、太阳能、风能等新的能源来解决，可有什么能代替水资源，解决水危机呢？

世界有将近一半的陆地依靠跨国界的河流供水，有200多个国家和地区分享重要河流和湖泊的水源。环境专家警告：世界各国领导人不加快寻找解决日益严重的环境污染、人口爆炸等问题的办法，国际间对淡水的争夺将更趋白热化，世界将爆发争水大战。

坦率而令人不安的预测正在变成现实：孟加拉国曾因印度拦截恒河上游的河水，使国内工农业因水荒受到影响，于1976年爆发了一场抗议印度“水霸”的群众大示威。巴西与阿根廷，伊拉克与叙利亚，以色列与约旦等国都因为用水分配不均，引发多起争水事端。新德里、北京、美国的凤凰城已出现城乡争水的现象。

多么无情的水啊！昔日人类将其充作工业文明的牺牲品，今日它已对人们严施惩罚，让人们喝下自己酿造的苦酒，付出沉重的代价。

水无情是人之祸

水滋润万物，使城市美化、乡村清幽、人们生活舒适，真是情深义重。“水灾”却吞没城市、席卷乡村，使人们流离失所、饿殍遍野，又是残酷无情。

有这样一种误解：水灾即天灾。然而，翻开世界的灾害史，许多水灾并非“天之罪”，而是人之过。

全球近百年中死于水灾的人数高达900多万。许多国家每年都有大片土地沦为“水乡泽国”。如前苏联每年水灾重灾区的土地，占国土面积的22%左右，印度水灾土地占国土面积的7.6%，全世界因水灾造成的损失逐年惊人地激增。以美国为例，20世纪40年代因水灾年均损失1.25亿美元，60年代增至3.75亿美元，70年代高达10亿美元。难怪科学家们早就警告，水灾与人为因素密切相关，尤其是滥伐森林、排干沼泽、不适当地建造水库等，增加了河流的最大径流量，而导致洪水泛滥。

排干沼泽是人类又一不明智之举。沼泽是径流的天然蓄水池。以卡累利河森林沼泽为例，由于当地加速进行排干沼泽活动，致使该地区年平均洪水径流量增大了8%～22%。

都市化是导致土壤渗透性降低的又一病因。由于城市中水泥、沥青等不透水材料的覆盖和建筑物的增加，土壤可渗透性

图与文

森林堪称地球的“水调器”，凡砍伐森林后的土壤，其渗透性降低2.5倍，土壤流失量增大14倍，树冠和林冠对降水的截流作用消失殆尽。据调查，1968—1975年间秘鲁和厄瓜多尔一些地区的森林被砍光后，汛期水位不断提高，秘鲁伊基多斯地区60年代汛期平均水位2.5米，到70年代升至2.7米。

面积锐减，最终导致城市最大径流量骤增。一般覆盖面积增加 2 倍，平均洪水流量也增加约 2 倍。

洞庭湖美景

大坝决口的教训更为深刻。据统计，1800—1983 年，全世界有 60 座大坝被毁，死亡 1.6 万多人。最悲惨的灾难是印度拉契湖二号大坝被洪水摧毁，使 2 000 多人遇难。据分析，大约 70% 的坝毁灾难是由于泄洪能力不足、建筑材料差、防渗漏装置不完善等人为因素所致。一句话，人类对此负有不可推卸的责任。

打开地图，你会发现在我国雄鸡状的版图上，满缀着似银河繁星的大小湖泊。这些大似海、小如塘的地上星座，像明珠瑰宝在广袤的中华大地上熠熠生辉：它们调节气候，缓解酷暑严寒，汛期分流洪水、自动调整水位，消解洪水的肆虐。有多少渔夫、莲女世代幸承其恩泽惠赐啊！奇山秀水、清波潋滟的湖光山色是祖国宝贵的旅游资源。载誉古今的西湖，以其妖娆多姿的秀色赢得了“人间天堂”的美名，吸引着无数中外游客。风光明媚的太湖、洞庭湖、滇池等亦竞相比美、尽展妖娆。

可是，我国 35 个主要湖泊中有 17 个被严重污染，总面积达 300 多平方千米的高原明珠——滇池，日接纳 50 多万吨污废水；靠近城区 12 平方千米的草海，水体变黑发臭、疯长的水葫芦已覆盖了一半水面，有机物和总磷、总氮以及重金属污染物已达到严重污染级，整个草海进入沼泽化，水中生物已由原来的 100 多种减少到 30 多种，目前这一污染正由草海延及外海；昔日的八百里洞庭被围湖大军夺走了 30 万亩湖地，仅剩下不足原湖区 2 / 5 的水面。

■图与文

我国第一大淡水湖——鄱阳湖，被生吞活剥地肢解了 1/2。

据统计，湖北省在 1949 年间有湖泊 1 066 个，到 1981 年仅存 309 个。湖水在减少，湖泊在消亡，残存的也浑身脏污、病体沉疴。悲哉！光鉴万物的明珠。

人口的增加、经济的发展、河流湖泊被污染，干渴难禁的人们为了度过缺水的煎熬，立即将目光转向储备在地下的水源。地下水已成为我国重要的供水水源。

目前，我国地下水可采资源 2 900 亿立方米 / 年。从开采情况看，1 243 个地下水水源已采 832 个，其中超采的占 17%，约 150 个超采区已形成了区域性超采漏斗。河北平原、华北地区、长江三角洲、西北地区、苏锡常地区等地下水资源量持续亏损，地下水位持续下降，黄河平原的地下水只剩下 1/2，海河平原只剩下 1/10 了。从地下水水质看，全国以地下水为重要供水水源的有 27 个城市，因受污废水污染，水质正在恶化的占 77.8%。当前符合生活饮用水水质标准的只有桂林、昆明、海口、银川、西宁和济南 6 个城市。

盲目超负荷开发地下水，致土层孔隙水急剧流失、土层抗压强度随之降低，引发地面沉降、地面塌陷和海水入侵等环境地质问题。日本的东京和大阪以每年 20 厘米的速度下沉。美国得克萨斯州的达拉斯和沃斯堡两城间的地区，自 1960 年以来，地下水位已下降了 1 220 米。水城威尼斯的情况最为危急，它的地面一直在下沉，加之海平面的

水城威尼斯

不断上升，长此下去，用不了多久，这座名城将从地图上消失。我国的上海、天津、北京、宁波、西安、常州、无锡等20多个城市也出现了地面沉降。上海的沉降中心区最大累积沉降量达2.63米，无锡城北区在3年中下沉了30厘米，且有加剧的趋势。地面沉降可以毁坏建筑和生产设施，或引起海水倒灌，给人们带来无尽的灾难。

消亡的沙漠绿洲

历史证明，地球上此消彼长，沧海桑田的万千变化常常与水的丰盈或匮缺息息相关。

最近一支科学考察队在新疆塔克拉玛干沙漠的考察中，发现在克里雅河、安迪尔河的下游，有一些被岁月风云剥蚀得残败不堪的城镇废墟。经鉴别，遗址系新石器时代与旧石器时代间，人们在沙漠深处的聚居地，后因这里的人盲目把曾经纵横交错、东西贯通于塔克拉玛干大沙漠中塔里木的河水引入河道中，上游新区，造成了流向下游的河水逐日退缩，终至涓滴不至。随着水道的变迁绿少田园没，沙起人烟退。当日中国对外商贸要道蜿蜒穿越的绿洲，转移到了中上游。昔日驼队来来往往的道路上，驼铃声断、行人绝迹，“丝绸之路”南道也从地图上消逝，留下依稀可辨的古河道痕迹。

图与文

近来不少报刊杂志登载了有关“丝绸之路”的轶闻。许多旅游者怀着猎奇的心情，跋涉于茫茫的沙漠之中，去追寻祖先的足迹。人们却不知道，在无边的漠海中，还有一条消逝了的丝绸之路南道。

供人凭吊的历史遗迹又何止“丝绸南道”，

就在罗布泊地区，历史上一度人烟繁盛、市政建筑、手工业和文化相当发达的精绝、提英、丹丹乌里克，牢兰海、楼兰古国等“丝绸之路”上的重镇、王国也都因人们盲目开发水利，迫使河流改道，而一个个湮没于沙海之中。

曾经拥有三百里湖面，“其水澄清，冬夏不减”的罗布泊湖，在60多年前仍苇密水清，游鱼可数，岸边牛羊成群，也因引水过多，于20世纪60年代干涸了。昔日的绿洲成了不毛之地，以致大风季节，黄沙扑面，日月无光。

喜怒无常的黄河、长江

人类对绿色植被的毁坏，就是在为自己挖掘坟墓。失去了绿色，就意味着灾难。

也许怀抱大河的土地是幸运的，但有时却会带来不幸和悲伤。没有一个华夏子孙不为拥有中华民族五千年灿烂文化的摇篮——黄河而深感自豪。可是，随着原本森林蔽日、郁郁葱葱的黄土高原，变成秃岭荒原、童山濯濯、沟壑纵横。人们常说“山清则水秀，穷山伴恶水”，裸露的黄土再也无力遏制泥沙流失，明净河水成了“一石水而六斗泥”。母亲河成了肆虐成灾的“黄龙”。1117年，黄河决口，淹死百万余人；1642年，黄河冲进开封城，37万百姓仅3万人得以灾后余生。

壮丽的黄河壶口瀑布

而今，每年从三门峡下泄的泥沙有16亿吨，

带走土壤养分4000多万吨，相当于全国化肥产量的4倍。外国人惊呼：中国人主动脉出血！黄河泥沙在下游淤积，抬高了河床，使黄河下游大段成为高出地面几米、几十米的“悬河”，一旦遭受洪水袭击，时有决堤之患。沿岸城市每天还将500万吨的污水排向泥沙重浊不堪的黄河。实地测定：黄河水的平均流量只有珠江的1/6。

图与文

从西到东横贯中华全境的长江，像一条绿色的绸带飘拂在6300千米的河道上，哺育着华夏大地1/3的人口。与发源于同一座雪峰下的黄河一样，她曾经孕育了华夏文明，造就了富饶的长江三角洲粮仓。不尽滚滚长江水更织就一个沟通中国半壁河山的庞大水运网。

长江两岸曾有一片清幽、丛林稠密的如画景色，而今沿江再也见不到萧萧而下的“无边落木”，听不到不住啼鸣的“两岸猿声”了。上游泥沙流失，今日的长江年接纳泥沙7亿吨，输沙量已超过黄河的1/2，比尼罗河、亚马孙河、密西西比河3条世界大河的输沙总量还要多。据统计，长江流域有1/3的土地严重水土流失，长此下去两岸1.22亿亩耕地将不复存在。

今日滚滚长江水中翻卷着浑浊的泥沙，令它步履沉重，可沿江城市还不住地排入污水，增加负荷，仅重庆一处每年就有180万吨以上的粪便倾入江中。重庆还只是旅途的起始段，江水已呈褐黑色，东去水路万里迢迢，长江旅途多艰难。

不堪泥沙、废物重负的长江，已变得喜怒无常。20世纪80年代起洪涝、旱灾、泥石流，年年发生，仅1991年那场特大洪灾就殃及18个省、市，受灾人口2.3亿，死亡1 700多人，损失350亿元以上。

“长江有变成第二条黄河的危险！”

水的呐喊

污黑的泡沫带着产值增长的喜汛漂浮于水面，却同时又在水域里留下不尽的遗憾。

面对人类的百般摧残，水发出了痛苦的呐喊。可是，以大自然主宰者自居的人们却“听而不闻”，仍愚蠢地“我行我素”，结果：水俣病、痛痛病等相继发生，水体富营养化使淡水资源锐减，海洋赤潮使渔业损失惨重。水污染使蚊蝇猖獗、疫病流行，全球18亿人受到水的威胁，每年有6 000万人死于腹泻。1985—2000年的中国，因水污染造成的经济损失将超过2 735亿元。频繁的水土流失、洪涝灾害一次又一次地向人类发出通牒。

有情而又无情的水，既是孕育生命、哺育人类的母亲，又是铁面无私的法官。在水的告诫和惩处中我们猛醒过来，悟出：必须惜水、护水，实施人与水的平等互利。水资源是有限的，是自然界赐给人类的宝贵财富，我们不能糟蹋水、滥用水，毁坏自己生存的资源。

水属于全球，一旦恶化，无人能幸免于自然的惩罚。不论肤色是白、是黑、是黄，不论贫富、不分老幼都应认真从我做起，努力实现全球水环境的改善。

因为无知，我们已经失去了过去，如果仍然执迷不悟而失去现在，必将无法摆脱明天可悲的灾难，所以我们必须通过行政、法律、经济、科技、教育等手段去保护和保存水资源，赢得未来。

长江自然生态环境横遭破坏的景象不断地告诫人们：抢救长江！

中央在1990年5月7日庄严宣布：世界八大生态工程之一的长江中上游防护林体系

图与文

辽阔的海洋成为垃圾场，石油遮蔽海面，清洁的江河湖泊变成了“污水沟”、“死水塘”，毒物严重侵害着鱼虾，令它们患上了癌症……

建设工程，将在长江中上游地区的9省145个重点县展开。一场炎黄子孙“扬中华精神、还长江青春”保护母亲河的“绿色风暴”正在掀起。

“万里长江第一城”宜宾

“万里长江第一城”的宜宾，至今已拥有480万亩林地，80%的疏林荒山都披上了绿装，22%的国土覆盖上森林。

长江上游生态恶化最严重的三角地带——四川南部边沿的珙县，过去身受毁林之苦，而今人人爱绿，不仅人们的衣着打扮偏重绿色，连县府大门都漆成了绿色。珙县人们心里装满了绿。近年来，荒山秃岭覆盖上45万亩人工林，森林覆盖率由8.2%上升到30%。母亲河两岸又逐渐露出流绿溢翠的风貌！

我们要为后代子孙着想，绝不能留给他们一个干涸的星球，让干渴挤压他们的生存。还给子孙一个蔚蓝、原色的水球，这是我们的义务和责任。

恢复青春的湖

在我国无数名山大川、清幽胜景中，最受人们青睐的莫过于西湖了。古往今来，那晶莹澄澈的一泓碧水，印月成趣的鼎足三潭曾令多少人陶醉着迷，又流传着多少关于她的美丽神话啊！那醉人的丰采、难述的神韵多少次闪耀在画家的笔端、缭绕于动人的音乐旋律中啊！

宋代大文豪苏东坡曾赞誉她：“欲把西湖比西子，淡妆浓抹总相宜。”然而，这“浮光跃金，静影沉璧”的西子湖，仍难以赢得人们始终不渝的怜爱，未能逃脱成为污水排放池的厄运。清波荡漾的湖水泛红发黑，湖底

■图与文

西湖水变清、变深、变活了，西子湖恢复了青春，又是一派风姿秀逸的神采。

淤泥堆积，湖中藻类疯长，湖光苍老衰败黯然失色，8 000亩美景复存几何？

经过10年治理，对西湖的保护已扩大到“水、陆、空”整个生态系统：水，疏浚底泥，养殖喜吃藻类的鱼和螺蚌，栽植净化水体的荷花和水草；陆，沿湖截住70%的污水，扩大绿化面积34万平方米，上游森林覆盖率达70%；空，创建烟尘控制区，减轻大气污染，鸟类又重回故地筑巢。

从20世纪80年代开始，苏州进行了几次大规模的疏河工程，将昔日鱼虾绝代、臭气熏天的古城河道彻底清理了一遍，开辟出一条水上旅游线。现在，南来北往的游人可沿水巷荡桨，饱览两岸风土人情和水乡民俗。

遥想不久的将来，水城苏州将重现溪清鱼欢的画面，小桥流水的风光，重现“东方威尼斯”的神奇和美丽。

你去过武汉东南鄂城县的鸭儿湖吗？那里碧波粼粼、清澈见底、湖水与绿叶掩映，一派清莹碧流的景色，值得一游。可是，你可曾想到，在1972年以前它却是一个臭气冲天的“死湖”。那时的鸭儿湖饱受湖畔一座化工厂废水的侵害，湖中水草枯萎，死鱼漂浮，沿湖农民下田劳动，双足都会长满红疹，奇痒难熬。1962—1975年间就有1 634人中毒，鸭儿湖呈现一派毁灭凄凉的景象。

而今，展现在人们眼前的“湖清水绿、莲香鱼肥”的鸭儿湖，是中科院水生物所采用氧化塘藻一菌共生系统，利用水中自然存在的微生物和藻类对污水处理的结果。这种处理方法不仅可使水中的六六六、有机磷等农药分解，还可利用污水中的有机物，经生物氧化后转化成藻类蛋白质来养鸭、养鱼。湖水重又奏出青春的乐曲，成为荷叶吐绿、游鱼如梭、鸭儿成群，一个名符其实的鸭儿湖了。

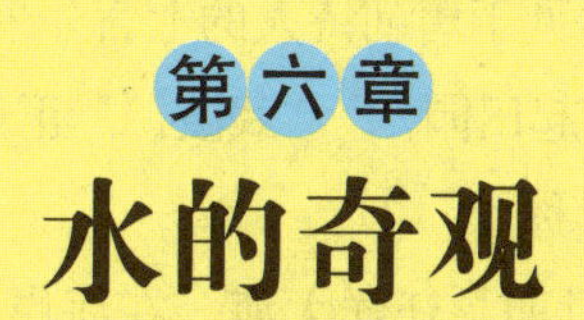

第六章 水的奇观

水是一个多变的精灵，它形态多变，一会儿是潺潺流动的溪水，一会儿是奔腾不息的汪洋，一会儿是飞流直下的瀑布，一会儿又是澄澈如镜的池水，一会儿又变为宁静洁白的雪山。大自然造就了许多水的奇观，如张家界的百瀑溪、庐山的三叠泉瀑布、碧蓝的独龙江、黄龙的钙华滩和闻名中外的梅里雪山……

武陵源

“武陵源”一词，始见于唐朝诗人的七言乐府长诗《桃源行》中：“居人共住武陵源，还以物外起田园。”“武陵源”正如陶渊明笔下的“桃花源”一样，成了美好境界的代称。

武陵源一带在远古时期是汪洋大海，在海岸地带沉积石英砂岩，经过复杂的地壳运动，以及流水的长期分割、侵蚀作用，形成了罕见的沟壑纵横、奇峰林立、山石峥嵘的地貌。区内千米以上的峰林 243 座，长度超过 2 000 米的沟谷 32 条，大自然的鬼斧神工造就了近于原始状态的武陵源风光，集“奇、雄、幽、野、秀”于一身。

张家界市地处湘西北边陲，澧水之源，武陵山脉横亘其中，总面积为 9 563 平方千米，其气候是中亚热带山原型季风湿润气候，年平均气温 16.8℃，四季宜人。

张家界历史悠久，早在 4 500 多年前就已有人类活动。在古代，张家界被称为“九洲之外，圣人听其自然”的南蛮荒芜之地。

张家界市地处中亚热带山原型季风湿润气候区，境内气候温和，光热充足，雨量充沛，土地肥沃，资源丰富，有“大理

图与文

张家界，奇峰三千，秀水八百。张家界的山大多拔地而起，山上峰峻石奇，或玲珑秀丽，或峥嵘可怖，或平展如台，或劲瘦似剑。张家界既有千姿百态的岩溶地貌奇观，又有举世罕见的砂岩峰林异景。张家界境内河溪纵横，它们或一泻直前，或潺潺奔流，或气势磅礴，或平静如镜。有壮观的瀑布、神秘的怪泉和众多的温泉。

石之乡”、“杜仲之乡”的美誉，也是全国十大水电基地之一。

张家界以旅游立市，其丰富独特的旅游资源闻名遐迩、冠绝寰宇。其境内有集山峻、峰奇、水秀、峡幽、洞美、林翠于一体的武陵源自然风景区，总面积369平方千米。整个景区以世界罕见的石英砂岩、峰林峡谷地貌为主体，三千翠微峰，八百琉璃水，神姿仙态，风致天成，冠绝天下，被誉为“大自然的迷宫”、“天然博物馆、地球纪念物”、“扩大了的盆景、缩小了的仙境”。

除此之外，“武陵之魂”天门山国家森林公园、“百里画廊”茅岩河漂流、“亚洲第一洞”九天洞等自然景观以及五盘山道教圣地、江南名寺普光禅寺、贺龙元帅故居等人文景观亦具特色、另有风韵。

金鞭溪位于张家界森林公园的东部，全长7.5千米，自老磨湾至水绕四门经索溪注入湖南四大水系的澧水，因溪畔的金鞭岩而得名。它穿行于深壑幽谷之间，溪的两边千峰耸立，高入云天，树木繁茂，浓荫蔽日；溪中溪水潺潺、飞瀑琉璃，构成极为秀丽、清幽、自然的生态环境，被称为“世界最美的峡谷”、“最富有诗意的溪流”。主要景点有金鞭岩、千里相会、紫草潭等。

张家界的群山是由红砂岩构成的。据说，光是一刀切似的削壁绝岩就有2 000多个，其平均高度为150多米。其中最大、最著名的岩石叫金鞭岩，是一座三面垂直，高达300米的巨大石峰。它的岩壁如刀削，棱角分明，然而顶上却是苍松覆盖，冬夏不衰。这些峭壁绝岩，各有不同的姿态，以禽兽或器物命名，都惟妙惟肖。

金鞭溪

百瀑溪因有许多瀑布入溪而得名，又名矿洞溪、广

百瀑溪

东溪。它发源于袁家界的背篓槍，长流 4 千米。百瀑溪与止马塔连成一大片，有第二个“十里画廊”之称。向南看，有“签筒笔架万岁牌”；向东望，有“金鸡报晓鹰嘴岩”；朝西观，深涧溪谷在天外；真是四方有景，景景动人。

万迭泉在百瀑溪的西侧，从海拔 1 000 米高的背篓槍飞泻而下，高 60 米，像一串长长的白练，遥遥挂在翠绿的山间。

沿百瀑小溪北进，然后绕到半山腰，可看见从袁家界高山上流下来的泉水，飞溅直下，形成飞瀑。它的水花飘洒得很远，犹如飞雪一般，故得“六月飘雪”的雅名。

九天银河是百瀑溪的主流，从背篓槍一涌而出，然后又飞流直下，垂直高达 500 多米，宽达 5 米多，恰似银河落九天。

据《澧州志》和《永定县志》记载，汉留侯张良效法春秋战国时越国谋臣隐匿江湖，来到武陵源，行至水绕四门时，见这一带风光绮丽，便下马驻留，故称止马塔。又相传古代有位风水先生来到此地，马突然不走了，故取名止马塔。止马塔（水绕四门）前有“签筒笔架万岁牌”，后有神奇的石峰“龙梭岩”，左有“灯芯岩”，右有“升帐岩”，中间还有宋代土家族向天王的出生地——“天子洲”。

庐 山

“一山飞峙大江边”的庐山拔地而起，傲然峙立在长江南岸，山势独耸，

四傍无依。整个山体呈现肾形，由西南向东北方向倾斜延伸，南北长25千米，东西宽10千米，总面积300平方千米，是一座平均海拔在1 000米以上的中等山地。

图与文

庐山素以景点丰富而著称。古人云："山之骨在石，山之趣在水，山之态在树，山之精神在峭、在秀、在高，有一于此，方足著称。"而在庐山无一不有，无一不佳。大自然的鬼斧神工，使庐山形成了峰峦叠嶂，万壑争流，丛林莽莽，云海滔滔的雄浑气势。衬上万里长江，千顷鄱湖，构成了庐山气象万千的壮丽画图。

如琴湖建成于1961年，水域面积11万平方米，蓄水量100万立方米。因湖旁原有"水声如琴"石刻，且湖面如一把提琴而得名，又因湖傍花径，故称花径湖。湖中有湖心岛，呈椭圆形。岛上有九曲桥与湖岸相连。岛四周苍松含翠，宛如一根碧绿的"项链"平铺在湖上，岛东端建有忆琴亭，西端建有一水榭。每当月色融融的夜晚，荡舟湖上，那青山、曲桥、亭台、水榭都抹上了一层层淡淡的金色，仿佛进入了一个美妙的童话世界。

庐山小天池

小天池坐落于庐山北部，游客从牯岭街出发，沿山北公路约行1千米，即可抵小天池山下。循石级登上山顶，可见一口清波泛碧的水池位于中央，这就是久旱不涸、久雨不溢的"小天池"。相传，当年朱元璋和陈友谅大战鄱阳湖时，屯兵庐山，饮马于小天池。

伫立小天池山顶，俯首鸟瞰，

江湖浩渺，岗阜起伏，映入眼帘的是一幅“山光水色兼具，岚影波光并收”的天然山水画；北望九江，高楼摩天，村舍栉比，田园万顷，工厂林立，炊烟袅袅，真可谓“九派浔阳郡，分明似画图”。

小天池西侧悬崖凌空突出，崖上建有一亭，名为“天池亭”，是暮观晚霞和欣赏云景的好地方。

傍晚登亭，极目西望，赤红色的夕阳徐徐落在长江上，城市、田野、村舍、湖泊、溪流全镀上了一层金色。那天边的浓抹晚霞，彩云朵朵，霞光道道，有的像五彩的征帆，竞渡疾驶；有的像溢彩流金的灵鸟，展翅齐飞；有的像披锦的绵羊，奔驰向前；有的像镶嵌金边的宝塔，耸入云霄；有的像染红了的羽毛，飘向天顶，多姿多彩的云朵交织成一幅绝妙的图画。

每当云雾来时，剪刀峡谷雾岚涌起，飞驰布空，游荡丘壑。瞬间，云雾如海洋，青山似孤岛，伫立小天池亭中仿佛置身于幻境，好像神仙腾云驾雾一般；顷刻，弥雾消散，蓝天初露，未消的云流就像奔腾的江河，从山头飞泻直下谷底，形成奇观的“瀑布云”；转而，一阵细纱白雾铺天盖地而来，给明丽的山川又披上了一层妩媚的“面纱”……真乃瞬息万变，神奇莫测，无怪乎古人赞道：“庐山之奇莫若云”。

自古以来三叠泉被称为“庐山第一奇观”，素有“匡庐瀑布，首推三叠”，“不到三叠泉，不算庐山客”之说。然而这条“上级如飘雪拖练，中级如碎玉摧冰，下级如玉龙走潭”的神奇瀑布，却被长期隐藏在荒山深壑中而不为人知。隐居在它上源屏风叠的李白，讲学在它下流白鹿洞的朱熹都没有目睹过它们的风采。直到南宋绍熙（1191）才被人意外地发现。涧水由五老峰崖

三叠泉瀑布

口流出，苍崖峭壁豁开如门，分三级跌下，故名“三叠泉”，亦称“三级泉”。

三叠泉瀑布落差155米。一叠直垂，水从20多米的簸箕背上一倾而下，像一面水晶帘子，砸在苍崖上，浪花翻滚，烟雾腾腾，白浪飞溢，溅起百万颗珍珠，远看似雨雪交加，近看似大雾茫茫。二叠差曲，高约50米，“飘者如雪，断者如雾，缀者如旒，挂者如帘”。三叠最长最阔，洪流倾出，满满荡荡，巨响訇磕，如玉龙走潭，直入潭中，飞瀑跌落处激起了滚滚波涛，浪花四溅。散漫的蒙蒙薄雾，在阳光照射下，化作缤纷的彩虹。潭旁山色空濛，犹如笼上了轻纱一般，忽明忽暗，云影憧憧，好一幅诗意盎然的水墨画。三叠泉的壮丽，曾引起朱熹的向往。请人将“三叠新泉”，绘成一图，挂在堂上时时欣赏，以弥补他“未能一游其下，以快心目”的愿望。

站在三叠泉下，仰望飞瀑，就好像青苍苍的天破了一个口子，水从那口子里直落下来，矫捷似野马，跌宕奔腾，带起散珠细雾，直冲下来，水流湍急，转眼飞逝。阳光照耀潭中，潭水迂回旋卷，犹如碧玉连环，十分壮观。三叠泉轰轰隆隆奔腾的飞瀑，像一群男低音在唱着低沉浑厚的曲子，又像一部由三个独立的乐章，经统一的艺术形象按一定的顺序有机组成的“交响乐”。这部“交响乐”抒情、明朗、和谐、流畅，充满了高尚的美感和激情，但每当少雨季节，三叠泉则有另一番情趣，这时的三叠泉，水帘如丝，风如轻烟，轻盈柔美，那挂在苍岩壁上的匹练，宛如一个窈窕少女，紧贴着崖壁缓缓落下，柔绵清丽的肌体流淌着青春的风韵。凝视良久，这少女似乎幻化成一幅浮雕，时时发出轻微的吟唱。气势磅礴的三叠泉，其景色随着季节和雨水多寡的变化而变化，春夏秋冬四季，各有千秋。

对于三叠泉，历代诗人为之讴歌赞美，元代书画家赵孟頫《水帘泉》诗云：“飞天如玉帘，直下数千尺。新月如帘钩，遥遥挂空碧。”诗中对三叠泉的月夜做了诗情画意的描述。宋代诗人白玉蟾却描写了它的磅礴气势，他《三叠泉》诗中有“九层峭壁铲青空，三级鸣泉飞暮雨”；“寒入山谷吼千雷，派出银河轰万古”等佳句。另一位宋代诗人刘过在《三叠泉》诗中，出色地描绘了它的美：“初疑霜奔涌天谷，翻若云奔下崖宿。散为飞风飚轻烟，垂似银丝贯璩玉。随风变态难尽名，观者洞骇心与目……”

三叠泉旁有观瀑亭，建在峭崖上，同瀑布遥遥相望，从观瀑亭可俯瞰瀑布和峡谷全景。

从观瀑亭下来，可临“观音洞”和“观音崖”。洞旁巨石上镜有翰林邓旭书“竹影疑踪”4字，相传此处为仙人洞“竹林隐寺”的后门，民间流传的樵夫洞中观神仙下棋，“洞中方七日，世上几千年”的传说，即指此处。

登上庐山西部海拔900余米的天池山顶，南望九奇峰，下俯石门涧，东瞻佛手岩，西眺白云峰。二水萦回，四山豁朗。此处原建有天池寺，现已废，但原寺前呈长方形的水池，仍碧水悠悠，光灵如玉。

昔天池寺，寺西有一半月形的拜月台，因供奉文殊菩萨而得名文殊台。现存之台为石木水泥混合结构，石室五楹，上有平台。登台眺望，山峦突起，群峰相连，远波明来，极富野趣。尤其是月色朦胧之夜，闲坐台上，眼前深谷中经常会出现点点如同灯光般的亮点，由少渐多，时大时小，时聚时多，时隐时现，闪闪烁烁，人称“佛灯”。宋代著名理学家王阳明就曾于一个月暗星稀的夜晚，卧此台上，看到了这样的奇异景象，并以诗记之：“老夫高卧文殊台，拄杖夜撞青天开。撒落星辰满平野，山僧尽道佛灯来。”

天池山脊上耸立着一座宝塔，塔四周布满了漫山遍野的青松。微风起时，松涛起伏，它颇似一杆乘风破浪的船桅，荡漾在翠波碧浪之上。塔为一阁式石塔，五层六面，高20余米，始建于宋建炎年间（1127—1130年），现塔是公元1927年，唐生智募资易地重建。塔内藏有银佛像、宋币及水晶珠

庐山大天池

子等文物。和塔平列于山脊的另一栋外观粗壮、轮廓呈现圆形、伞顶的佛殿，名圆佛殿。塔西有一石质方台，名天心台，为林森所建。台下有硕大卧石，平滑如镜，上镌“照江崖”字样。龙首崖之险、凌虚阁之云、文殊台之佛光，堪称大天池“三绝”。

康王谷（桃花源），俗语名“庐山垄”，为庐山第一大峡谷。相传楚康王是楚怀王的儿子熊绎。秦灭六国时，秦国大将王翦带兵追杀，康王避难于谷中，忽然雷雨大作，追兵受阻，康王才得以逃脱，从此深居谷中，康王谷因此得名。

康王谷位于庐山南山中部偏西，是一条东北西南方向长达7千米的狭长谷地。东面是庐山最高峰——大汉阳峰；西面是马耳峰长岭。

康王谷口在星子观口。由此入垅，山重岭复，溪涧引路，松林掩映。据有关专家学者考证，康王谷被认定是陶渊明《桃花源记》中所描述充满田园诗情的原形。风雨更迭，岁月悠悠，陶公笔下的人间世外桃源，不知当今安存？如若不亲眼一睹，真乃人生一大憾事。

康王谷逶迤在狭长的幽谷中，山道崎岖，河涧喧闹，地势复杂，土壤肥沃，天无边，地无涯，颇有“山重水复疑无路”的感觉。向前潜行数里，眼前豁然开朗，山谷之中郁郁葱葱，屋宇幢幢，掩映在桃红柳绿丛中。炊烟袅袅，田畴纵横，村舍依山就势，盘亘数里，溪涧碧水汩汩流淌。这里山高林密，地幽谷深，与《桃花源记》所述“复引数十步，豁然开朗，屋舍俨然，有良田美池桑竹之属”，“武陵人缘溪行……”

庐山谷帘泉

的情景相吻合。康王谷东面是陶公隐居的栗里，西面的面阳山上有陶公墓。今天的康王谷不仅是探幽览奇之处，还是借此凭吊田园诗人怀古思情之处。康王谷中有一被茶圣陆羽评为“天下第一泉”的名泉——谷帘泉。泉水沿石壁飞流喷涌，散落数十缕，酷似玉帘悬挂谷间，故名谷帘泉。

当年陆羽来到谷帘泉，品尝泉水之后，赞誉“甘腴清冷，具备诸美”，因而命名为“天下第一”，并记入茶经中。北宋文学家王禹在《谷帘泉序》中评价称：“水之来，计程一月矣，而其味不败，取茶煮之，浮云散雪之状，与井泉绝殊。”宋代文人陈舜俞，攀沿山野小径，以饮谷帘泉为快，生花之笔，即兴赋诗：“玉帘铺水半天垂，行客寻山到此稀。陆羽品题真黼黻，黄州吟咏尽珠玑。重来一酌非无分，未挈吾瓶可忍归。终欲穷源登绝顶，带云和日弄清晕。”陆羽认为煮茶之水以山泉最好，江水次之，井水为下。谷帘泉水之所以品为“天下第一”，是有一定科学道理的，庐山以断层为峰，叠石为崖，冲击为谷。谷帘泉所处的康王谷山林葱郁，雨水充沛，地表水沿着砂崖渗透地下，通过崖石层出露处，或在谷之沟旁，成为裂隙泉和孔隙泉不断流出，经过三番五次的“过滤”，清除了天然水中浮悬的杂物和难溶性矿物质，使泉水变得纯正、清澈、晶莹、唇沾而味柔，口将咽而生甜，咽后清冽脏腑。用此水煮茶汤色碧亮，群美怡神，香馨持久，令人回味。

唐代张又新的《煎茶水记》，是继陆羽《茶经》之后一部有影响的茶学著作，张又新在《煎茶水记》中记述道，陆羽曾品评天下胜水名泉，论水次第凡二十种：庐山康王谷水帘水第一；无锡惠山寺石泉水第二；蕲州兰溪石下水第三；峡州扇子山下虾蟆水第四；苏州虎丘寺石泉水第五；庐山招隐寺下方桥潭水第六；……

玉帘泉在石镜峰的幽谷高崖间，有一瀑水布崖而下，如垂一幅水晶玉帘，名为“玉帘泉”。又因泉水奔泻汹涌如雪喷冰流，变称“喷雪泉”。置身泉边，只见玉柱撑天，长空而下，溅玑纷飞，绿珠薄雾，缕缕细丝，如柳絮飚洒。即便炎暑盛夏来至泉旁，也清风阵阵，凉爽如春，使游人似梦似幻。

“常爱陶彭泽，文思何高玄？”唐元和十一年(816)仲春，白居易怀着崇敬的心情拜谒了庐山山麓的陶渊明栗里故居和陶渊明墓，畅游了归去来

馆、醉石等名胜，而后到紧邻栗里的“古灵汤院”，痛痛快快地洗了个温泉浴，一解“忧劳积虑”，顿感舒服惬意，余意未尽，挥毫《题庐山山下汤泉》一诗：“一眼汤泉流向东，浸泥浇草暖无穷。庐山温水因何事，流入金铺玉池中。”

庐山温泉

庐山山脚下的温泉，古称“汤泉”，面对大汉阳峰，背靠黄龙山，原有天然泉眼4个。据《桑疏》记载：“温泉在胡廊庙南数里主簿山下，穴口为一丈许，沸泉涌如汤，冬夏常热”。1957年，有关方面将其疏通为7组泉眼，使日出水量扩大到500吨，并修筑了两个美观的大池，远远望去缕缕烟雾，随风浮动，宛若两朵情缠池水的白云。走到池边俯视，泉水清澈如镜，从泉眼中喷吐出串串小光，汩汩作声，真是“沸沸下焉，如柴鼎之执火；温温焉，如蓝之生烟。”

“天工造斯物，起始于何年？”在温泉一带，流传着一段“渊明醉石，石醉渊明”的传说。在栗里清风溪畔，突立一快黝黑巨石，上有凹处，恰好可卧人一个，处凹北端略高，可充作枕头，旁边小坎上可放酒具和书箱。陶渊明十分醉心这块石头，每到必饮，每饮必醉，醉后吐出的酒水，热气腾腾，顺石而流入溪中，变成了“汤泉”。

传说不能代替科学。宋淳熙六年(1179)，著名理学家朱熹来到这里。他看到的是“客来争解带，万却付一流”的情景，对此他发出“谁燃丹黄烙，此玉池人水”的疑问。这个问题今天当然不难解答。著名地质学家李四光在《庐山地质志略》中说：“最大之横断层，则见于庐山西南端，由隘口以东向西北直引，经马头山之西南而没于平地，此断层长十四五里有余，破裂也特猛烈。隘口以东有温泉沸出，盖即沿此裂隙而溢出泉水也。”这就是说，泉水在地层深处，吸收了地壳中的热，又沿着断层冒涌出地表，从而构成所谓“玉池水”。

庐山温泉的温度最高达72℃、最低为50℃，平均也有63℃，属于中温温泉。它与被誉为国际风湿病特效泉的法国“凡而德百”温泉、英国的“拜斯”温泉、我国西安的“华清池”温泉，同属一个类型温泉，在地下经历了一个深长的循环过程。

庐山温泉中所含化学成分较为复杂，阳离子以钠离子和钾离子含量最高，阴离子以氯离子和硫酸根离子为主，微具硫磺气味，属硫化氢泉。另外，泉水中还含有游离二氧化碳、少量的氟离子，以及一定数量的氡气，共计含有30多种微量元素。

我国利用温泉沐浴和疗疾的历史源远流长，这和历代有志于此项研究的学者的努力是分不开的，如明代药物学家李时珍，为了掌握第一手资料，曾亲自考察了众多的温泉，庐山温泉也曾留下了他跋涉的足迹和汗水，并将研究所得记录在他的巨著《本草纲目》中：“庐山有温泉，方士往往教患癞、杨梅疮者，饮食入池久浴，汤汗出乃止，旬日自愈也。”他还就筋骨挛缩、肌皮顽痹、手足不遂、无眉发、疥癣诸病，用庐山温泉浴的同时，结合药物治疗和饮食调养，其疗效将会更佳做了说明。

爱莲池

为了让流淌了千万年的温泉，为人民的健康造福，20世纪50年代，庐山就在原有的基础上建造了温泉疗养院，总面积达2万多平方米，床位有300多张。这座疗养院，环境十分幽雅，建院以来，有数以万计的人们来到这里接受治疗并康复。还有40多个国家和地区的宾客，在这里愉快地度过假日。

“出淤泥而不染，濯清涟而不妖，

中通外直，不蔓不枝，香远溢清，亭亭净植……”周敦颐一篇《爱莲说》流芳千年，风光霁月。他心目中的“花之君子者”，在人们心目中也愈加可亲可敬。

爱莲池，位于星子县原南康府衙故址东侧，是周敦颐赏莲、写莲的故地，距今已有近百年的历史。池呈正方形，面积近 1 700 平方米。池中高筑石台，台上建有“观浮亭”。台面积 70 平方米，内填“五色土”。台两端均有石桥曲栏与台相连，台北为 20 米长的五礅六孔“之”字形石桥，台南为 18 米长的三礅四孔青石平桥。池中分为十方池，种植着“可远观而不可亵玩”的莲花。整体建筑显得优雅新颖，清新大方，独具匠心。

周敦颐 (1017—1073)，字茂叔，号濂溪，湖南道县人，钟情莲花。他同慧远、白居易一样，在书堂前凿池种莲，并将书堂取名为“爱莲堂”。宋熙宁四年 (1071)，他来星子知南康军，便在旧南康府衙东侧挖池种莲，并将莲池叫做“爱莲池”。

可以说，爱莲池因《爱莲说》而名声大振，还可以说，因有爱莲池而生出《爱莲说》，周敦颐常常漫步于池畔，或是倾心地听着荷花的诉说，或是欣赏着荷花的娇容，或是专注地思虑着什么。周敦颐胸怀洒脱，主张为官清廉正直，厌恶宦海之浑沌，因此就特别喜爱莲花那种出淤泥而不染的可贵品格。朱熹于淳熙六年（1179）知南康军，在此期间他征得《爱莲说》的墨迹，刻碑立于赏莲亭内。他不仅将赏莲亭修饰一新，还为理学的开山祖濂溪建立了濂溪祠，并赋诗曰：“闻道移根玉井旁，开花十丈是寻常。月明露

点将台

冷无人见，独为先生引兴长。”

千百年来，爱莲池虽屡有兴衰，但每一次被破坏后，人们便很快地恢复了它，使“前贤手泽”的莲花延年不断。人们不仅欣赏莲花的清香玉洁，更敬慕周敦颐如光风霁月般的人品。

在爱莲池之西，有一10余米高的城楼。相传为三国时期东吴都督周瑜练兵之点将台。昔日城楼前旌旗猎猎，刀光戟影，马嘶人欢，可谓壮烈激越。只可叹城楼历尽沧桑，楼缺垣残。现政府保护维修了这一古迹。盛夏黄昏，当你登上城楼，凭栏东望爱莲池，只见莲花婀娜，幽香阵阵；夕阳西下，远处阡陌，牧牛晚归，短笛悠悠，令人陶醉。

三江并流

三江并流区域由云南省西北山区7个地理分布群中的15个保护区构成。这7个地理分布群又包含在一个更辽阔的面积达34 000平方千米的地理单元之内，这个地理单元在地区的行政管理上被称为三江并流国家公园。保护区的北部边界和西部边界分别邻接着西藏和缅甸。区域名称的提法源自该区域包含了亚洲三大江河的上游部分，即扬子江（金沙江段）、湄公河（澜沧江段），以及萨尔温江（中国境内称怒江）。这里，3条江河的走势大致平行，由北向南流动，穿过陡峭的峡谷，布满深度达3 000米的峡谷。在这3条江河的最接近位置，3个峡谷仅仅只相隔18千米和66千米，在70千米处第四条平行江：独龙江，沿着西部边缘流淌直到作为伊洛瓦底河系的上游源头之一流入缅甸。

梅里雪山景区是“三江并流”景观资源类型最集中的分布区和澜沧江流域景观资源重点示范区。区域位于澜沧江流域上游，迪庆藏族自治州德钦县境内，总面积760平方千米，区内集中分布着雪山峰群景观、低纬度现代冰川景观、干热河谷地貌景观、人居生态环境等。

梅里雪山的主峰“卡瓦格博”，位于迪庆州德钦县城西部，海拔 6 740 米，为“三江并流”区域的最高峰，与次主峰缅次姆峰交相辉映，构成最具代表性的雪峰景观。它山体挺拔高大，冰峰亭亭玉立，周边海拔 6 000 米以上的山峰达 10 余座之多，为康巴地区八大神山之首。山上现代冰川发育广泛，其中以明永冰川面积最大，一直延伸至山脚的明永村。梅里雪山山势陡峻，植被丰富。景观特色以多姿多彩的山形地貌、绚丽灿烂的鲜花碧树和溪流冰川为主。由于独特的地形和气候因素，至今仍无人成功登顶。

图与文

在“三江并流”的核心区，雪山是一个亘古不变的话题。这里，一座座高耸入云的雪山像头戴白盔、身被银甲的武士，气宇轩昂地守卫着这片神奇的土地。它们中有一座令人向往、令人兴叹为神山的就是闻名中外的梅里雪山。

明永冰川直接发育于梅里雪山主峰卡瓦格博峰，冰川沿明永山谷蜿蜒而下，其冰舌一直沿伸至海拔 2 650 米。冰川周边青山翠谷、针阔混交林、湿性常绿阔叶林原生状态保存良好，代表了澜沧江干热河谷典型的多样性自然地理特征。据研究，它是目前北半球海拔最低的冰川，同时也是纬度最低的冰川之一。明永冰川全长约 4 000 米，宽 30 ~ 80 米，由于坡降大，冰川表面的纵向和横向冰隙发育，局部遇陡崖则崩塌而下，冰川的前缘和两侧冰碛发育，在过去的相当长的时间里，明永冰川一直处于消退状态。

澜沧江是世界上发育最为典型和完美的深切河曲之一。伴随着“三江并流”地区的快速抬升、河流的阶段性急速下切，沿澜沧江河谷形成一系列阶地。阶地在峡岩中由于地形相对平坦，因而常被人类开垦，构建村落，干热河谷宏伟峻峭的地质特征和藏族村寨绿树红墙的景色构成了独特的“澜沧江峡谷风光”。

永支河是澜沧江二级支流，从德钦县青纳桶乡向碧罗雪山山系方

澜沧江峡谷风光

向延伸，全长约 45 000 米，从海拔 3 900 米至海拔 2 000 米，垂直高差为 1 900 米。在永支河上有大小溪流 10 余条，形成千姿百态的溪流瀑布景观。登上山远眺，群山层峦叠障；走进谷底，古林参天，怪石、奇峰形态各异；天然林资源丰富，永支峡谷坐落于永支河与澜沧江交汇处，长度约 2 000 米，峡谷深切，峭壁垂直，仰望崖顶植被茂盛，蓝天白云；山谷底河水清澈、湍急，形成朱崖、绿林、碧水的美景，具有极高的自然景观价值和欣赏价值。典型的藏族村寨——永支村就坐落在永支河的河谷地带。

独龙江河谷是一个遥远而神秘的河谷，位于云南省的西北角，境内最高海拔 4 963 米，最低海拔 1 000 米。峡谷中保留着完好的原始生态环境，蕴藏有丰富的自然资源，然而山重水复，积雪冰封的地理、气候环境使它处在一种与世隔绝的状态中。独龙江作为“三江并流”的核心区之一，是除了人们熟知的金沙江、澜沧江、怒江之外而独立存在的，位于“三江并流”最西部的江河，被称为“第四江”。

独龙江可以在云南省地图西北角找到，它北部紧连西藏自治区，西部和南部紧靠着缅甸，东有高黎贡山，西有担打力卡山。这里每年有近 2/3 的时间在下雨或雪，每年 11 月到次年的 4 月为封山期。在这个季节，新路（孔目—贡山的公路）和老路（旧的人马驿道）所必经的两个丫口，都是大雪封山，有时雪深可达一人多深。那时里面的人出不来，外面的人也进不去，丫口的雪一般到 6 月底才会彻底融化。

独龙江发源于西藏察隅，是喜马拉雅山的余脉，处于西横断山脉地带。独龙江河谷东岸是海拔 4 000 多米的高黎贡山，西岸是作为中缅分界的海拔

5 000 多米的担打力卡山，两山夹击峡谷逶迤深入，形成由北向南纵贯典型的高山峡谷地貌，独龙河台仅有 500 米宽。独龙江由北向南在云南蜿蜒 150 千米后，向西注入缅甸的恩梅开江。

独龙江峡谷

南北狭长的独龙江河谷受印度洋季风的影响，使这里的地貌与气候特点与其他三江迥然不同。12 月在风雪丫口进入独龙江，在海拔 3 000 米以上的山谷里，无数的溪流和瀑布在夜里都结成了冰，山岩上挂着长长的冰凌，在阳光的照射下，融化的冰从暗底潜流出来向山脚汇集，最后流到独龙江中。

远远的，就可以从高山上透过森林看到了谷底的独龙江，碧蓝色，在冬日阳光的照射下，散发着晶莹剔透的光泽。慢慢地接近了独龙江碧蓝的水，让每一个见到它的人都大吃一惊。在绝少有外界打扰、绝无污染的 4 000 米高黎贡山、5 000 米担打力卡山之间，这些从雪山里流淌下来的水如此纯洁深幽，犹如一条碧蓝色的绸带，缭绕在云雾的群山之中。

碧蓝的独龙江

进入独龙江，从海

独龙族的服饰

拔 3 000 米一直走下坡路，没有人烟、没有喧嚣，山谷空气里有植物香草的味道，气温也越来越高。树叶越来越密、越来越绿，可以看到粉红色花朵在绽开。进入孔丹后，可以看到独龙人家的房子，竹子和茅草围成了院落，这里是一片春暖花开，房前屋后是茂盛地生长的棕榈科植物，清澈的江水就这样悠悠地绕村而过。

山重水复，积雪冰封的地理、气候环境使第四江——独龙江处在一种相对与世隔绝的状态中。与远离尘嚣的独龙江河谷同在的是独龙族，是中国人口最少的民族之一，人口为 5 500 余人。目前，政府正计划把他们从山林里搬到孔丹（独龙江河谷面积最大的一个台地）。

独龙江上的藤网桥

独龙族先民最早的活动区域在金沙江、澜沧江一带，以后发展到独龙江。至今他们仍称自己是从“太阳出来的方向”搬迁来的。据《元统一志》丽江路风俗条载：“丽江路，蛮有八种，日磨西，日白，日罗洛、日冬闷、日峨昌、日撬、日土番、日卢，参错而居。”其中“撬”为“俅”的同声异写，即今日独龙族。他们是独龙江最早的主人。“独龙文化”也因而被困锁在雪光背面，透出一丝神秘的光彩。

在孔丹乡，已经有数十户的独龙族

人家从深山里搬了出来，开始在这里安家生活，他们的装束已经汉化，很难看到独龙毯等特色服饰。

在独龙江上还有一种独特的桥——藤网桥，是用独龙江一种藤拧成蔑绳，拴在江岸的树干或固定的木桩上，再用山藤或藤篾结成网，在底部铺扎上龙竹。走到桥上，下面是滚滚的江水，桥会自然而然地摆动起来，成为“飞”起来的桥。孔丹乡是独龙族的新家，目前的建设出现了在都市里见到村庄的趋势。这里需要重新规划建设，整个独龙江还需要制订一套完整的保护规划，使它成为“三江并流”里一个最引人入胜的区域。而那千古奔流的独龙江水，将成为云南的“九寨沟”，生活在这里的独龙族居民，将有一个美丽而特色浓郁的家园，成为吸引人的接待站。

九寨沟

九寨沟风景名胜区位于中国西部四川省阿坝县藏族羌族自治州南坪县，因为 9 个藏族村寨坐落在这片高山湖泊群中，因而被称为“九寨沟”。全区面积约 720 平方千米，大部分被森林所覆盖。九寨沟风景名胜区的主景长 80 余千米，由沟口—诺日朗—长海和诺日朗—原始森林两条支沟组成，有长海、剑岩、诺日朗，树正、扎如、黑海六大奇观，佳景荟萃，自然纯净。山、水、林诸多景物中，尤以水景最为奇丽。在狭长的山沟谷地中，有色彩斑斓、清澈若镜的 100 多个湖泊散布其间，泉、瀑、河、滩将无数碧蓝澄澈的湖泊连缀一体，千姿百态，如诗如画。加之雪峰、蓝天映衬和四时季节变换，使九寨风光有“黄山归来不看山，九寨归来不看水”和“中华水景之王”美称。

九寨沟主沟呈“Y”字形，总长 50 余千米。沟中分布有多处湖泊、瀑布群和钙华滩流等。水是九寨沟景观的主角。碧绿晶莹的溪水好似项链般穿插于森林与浅滩之间。色彩斑斓的湖泊和气势宏伟的瀑布令人目不暇接。

原始森林覆盖了九寨沟一半以上的面积。林中植物种类繁多，现有天

图与文

九寨沟地处岷山山脉南段尕尔纳峰北麓，是长江水系嘉陵江源头的一条支沟，也是青藏高原向四川盆地过渡的地带，地质结构复杂。这里高差悬殊、气候多样、山明水秀。

然森林近300平方千米，植物2 000余种。多种野生动物繁衍栖息于此，其中包括脊椎动物170种、鸟类141种，属国家保护的有17种。林地上积满厚厚的苔藓，散落着鸟兽的羽毛，充满原始森林的风貌，使人仿佛置身于美妙的世外天地。

九寨沟以高原钙华湖群、钙华瀑群和钙华滩流等水景为主体的奇特风貌，其水景规模之巨、景型之多、数量之众、形态之美、布局之精和环境之佳等指标综合鉴定，位居中国风景名胜区水景之冠。

水，是九寨沟的精灵，而九寨沟的海子（湖泊）更具特色，湖水终年碧蓝澄澈，明丽见底，而且随着光照变化、季节推移，呈现不同的色调与水韵。秀美的，玲珑剔透；雄浑的，碧波不倾；平静的，招人青睐，每当风平浪静，蓝天、白云、远山、近树，倒映湖中。“鱼游云端，鸟翔海底”的奇特景色层出不穷，水上水下，虚实难辨，梦里梦外，如幻如真。彩池则是阳光、水藻和湖底沉积物的“合作成果”。一湖之中鹅黄、黛绿、赤褐、绛红、翠碧等色彩组成不规则的几何图形，相互浸染，斑驳陆离，如同抖开的一匹五色锦缎。

九寨沟的高原钙华湖群

视角移动，色彩亦变，一步一态，变幻无穷。有的湖泊，随风泛波之时，微波细浪，阳光照射，璀璨成花。远视俨如燃烧的海洋，有的湖泊，湖底静伏着钙化礁堤，朦胧中仿佛蛟龙流动。整个沟内，奇湖错落，目不暇接。百余个湖泊，个个古树环绕，奇花簇拥，宛若镶上了美丽的花边。湖泊都由激流的瀑布连接，犹如用银链和白涓串连起来的一块块翡翠，各具特色，变幻无穷。

瀑布是水流形式中的佼佼者，大自然之一绝，九寨沟是水的世界，也是瀑布王国。这里几乎所有的瀑布全都从密林里狂奔出来，就像一台台绿色织布机永不停息地织造着各种规格的白色丝绸。这里有宽度居全国之冠的诺日朗瀑布，它在高高的翠岩上急泻倾挂，似巨幅品帘凌空飞落，雄浑壮丽。有的瀑布从山岩上腾越呼啸，几经跌宕，形成叠瀑，似一群银龙竟跃，声若滚雪，激溅起无数小水珠，化作迷茫的水雾。朝阳照射，常常出现奇丽的彩虹，使人赏心悦目，流连忘返。

这被誉为九寨沟五绝之三的彩林，覆盖了景区一半以上的面积，2 000余种植物，争奇斗艳，林中奇花异草，色彩绚丽，沐浴在朦胧迷离的雾蔼中的孑遗植物，浓绿阴森，神秘莫测，林地上积满厚厚的苔藓，散落着鸟兽的翎毛，充满着原始气息的森林风貌，使人产生一种浩渺幽远的世外天地之感。莽莽苍苍的原始森林，随着季节的变化，呈现出种种奇丽风貌。金秋时节，林涛树海换上了富丽的盛装。那深橙的黄栌，金黄的桦叶，绛红的枫树，殷红的野果，深浅相间，错落有致，令人眼花缭乱。每一片森林，都犹如天然的巨幅油画。水上水下，动静形色交错，好一幅令人心醉的的九寨沟，显得洁白、高雅，像置身于白色玉盘中的蓝宝石，显得更加璀璨。

诺日朗瀑布

彩 林

九寨沟3条沟谷，层峦叠嶂，山势挺拔，眺望远方，皑皑雪蜂，尽收眼底，艳阳之下冰斗使人目眩，登上尕尔纳山，极目远眺，山峦逶迤，谷壑幽幽，天象奇观，一览无余，云海连天，絮浪翻腾，峰峦锋锷，时隐时现，在云海雾浪中沉浮舞降，似乎在天宇中游弋。

丽江古城

丽江地处金沙江上游，历史悠久，风光秀美，自然环境雄伟，是古代羌人的后裔、纳西族的故乡。丽江古城海拔2 400米，是丽江纳西族自治县的中心城市，是中国历史文化名城之一，是国家重点风景名胜区。

山川流水环抱中的丽江县城，相传因形似一方大砚而得名“大研镇”。探寻它的过去，人们发现这片曾被遗忘的“古纳西王国”，远古以来已有人类生息繁衍。今日的主人纳西民族，则是古代南迁羌人的后裔。在千百年的悠长岁月里，他们辛勤劳作，筑起自己美好的家园。

这里地处滇、川、藏交通要道，古时候频繁的商旅活动，促使当地人丁兴旺，很快成为远近闻名的集市和重镇。一般认为丽江建城始于宋末元初。公元1253年，忽必烈（元世祖）南征大理国时，就曾驻军于此。由此开始，直至清初的近500年里，丽江地区皆为中央王朝管辖下的纳西族木氏先祖及木氏土司（公元1382年设立）世袭统治。其间，曾遍游云南的明代地理

学家徐霞客（1587—1641），在《滇游日记》中描述当时丽江城“民房群落，瓦屋栉比”，明末古城居民达千余户，可见城镇营建已颇具规模。

图与文

从丽江北眺，是高耸云天的玉龙雪山，景致雄奇变幻。民谣说它“一山有四季，十里不同天”。这里素有“动植物宝库”的美誉，又是巨大的天然水库。

走进丽江彩石铺成的古老街道，漫游镇北商业中心四方街，便见河渠流水淙淙，河畔垂柳拂水，市肆民居或门前架桥，或屋后有溪，街头巷尾无数涓涓细流，穿墙绕户蜿蜒而去。这股股清流都来自城北象山脚下的玉泉。

城内早年依地下涌泉修建的白马龙潭和多处井泉至今尚存，人们创造出“一潭一井三塘水”的用水方法，即头塘饮水、二塘洗菜、三塘洗衣，清水顺序而下，既科学又卫生。居民还以水洗街，只要放闸堵河，水溢石板路面顺势下泄，便可涤尽污秽，保持街市清洁。

依山就水的丽江大研镇，既无高大围城，也无轩敞大道，但它古朴如画，处处透出自然和谐。镇内屋宇因地势和流水错落起伏，人们以木石与泥土构筑起美观适用的住宅，融入了汉、白、藏民居的传统，形成独特风格。当地常见的是“三坊一照壁”式民宅，即主房、厢房与壁围成的三合院。每房三间两层，朝南的正房供长辈居住，东西厢房一般由

丽江玉泉公园

下辈住用。房屋多在两面山墙伸出的檐下，装饰一块鱼形或叶状木片，名曰“悬鱼”，以祈“吉庆有余”。

许多庭院门楼雕饰精巧，院内以卵石、瓦片、花砖铺地面，正面堂屋一般有六扇格子门窗，窗心的雕刻大多是四季花卉或吉祥鸟兽。堂前廊檐大多比较宽，是一处温馨惬意的活动空间。

丽江纳西人历来重教尚文，许多人擅长诗琴书画。在古城多彩的节庆活动中，除了通宵达旦的民族歌舞和乡土戏曲，业余演奏的“纳西古乐”最为著名。其中，《白沙细乐》为集歌、舞、乐一体的大型古典音乐套曲，被誉为“活的音乐化石”；另一部丽江《洞经音乐》则源自古老的道教音乐，它保留着许多早已失传的中原辞曲音韵。丽江纳西古乐曾应邀赴欧洲多国演出，受到观众的热烈欢迎和赞誉。由于乐队成员多是来自民间年逾古稀的老人，因此又有“纳西寿星乐团”的美誉。

闻名于世的丽江壁画，分布在古城及周围15座寺庙内，这些明清壁画，具有多种宗教及各教派内容融合并存的突出特点。遗存于丽江白沙村大宝积宫的大型壁画《无量寿如来会》，把汉传佛教、藏传佛教和道教的百尊神佛像绘在一起，反映了纳西族宗教文化的特点。

丽江明代壁画

丽江一带迄今流传着一种图画象形文字“东巴文”。这种纳西族先民用来记录东巴教经文的独特文字，是世界上唯一活着的图画象形文。如今分别收藏在中国以及欧美一些国家图书馆、博物馆中的20 000多卷东巴经古籍，记录着纳西族千百年辉煌的历史文化。其中称作《磋模》的东巴舞谱，包括数十种古乐舞的舞蹈艺术，

是极为罕见的珍贵文献，被誉为古代纳西族“百科全书”的东巴经，对研究纳西族的历史、文化具有重要价值。

玉龙雪山

气度非凡的玉龙雪山，是丽江最壮美的自然景观。玉龙雪山高耸入云，清新俊秀，在“天人合一”的古朴意识里，玉龙雪山理所当然成了最尊贵的山体。

玉龙雪山由 13 座山峰组成，从北向南纵向排列，主峰扇子陡海拔 5 596 米，其他 12 座雪峰海拔均在 5 000 米以上，宽约 13 千米，长约 35 千米。十三峰晶莹洁白，在云雾中时隐时现，宛如活灵活现正在腾飞的玉龙，故而称为玉龙雪山。相传玉龙雪山是纳西族保护神“三朵”的化身，每年的农历二月初八和八月的第一个属羊日，便是“三朵节”。是时，纳西族同胞将举行盛大的欢庆活动，以表达对玉龙雪山和三朵大神的敬仰。

玉龙雪山的主峰并不容易看到，因全年大部分时间都会被云雾遮住，大有“神龙见尾不见首”之势，偶尔云开雾散之时才能一睹“玉龙”的真容。

作为北半球纬度最南的现代海洋性冰川，玉龙雪山的景观具有独特的多样性，集冰川雪海、叠泉飞瀑、原始森林、高山草甸等诸多景致为一体。由于这里具有从亚热带到寒带的多种气候，使其生态类型齐备，是一座天然的植物园和动物园，还是一座药材宝库。

面对玉龙雪山的神奇脱俗，无数人为之神魂颠倒。画坛巨擘吴冠中与李霖灿两位先生与玉龙雪山的情缘，更被传作佳话。

20 世纪 30 年代，吴冠中和李霖灿同为西湖艺专的学生。后来，抗战时期的昆明成了大后方，西湖艺专这时也迁到了昆明。吴冠中在昆明见到了李霖灿从丽江寄来的玉龙山速写，一下子便被玉龙山的神韵深深打动，他发誓一定要去一趟丽江，亲眼目睹这座壮美的玉龙山。此后，风云多变，人事沧桑，时间飞逝近半个世纪，当年的誓言吴冠中始终没忘。1987年初夏，他终于来到了丽江，不巧的是这段时间天公不作美，玉龙雪山总是躲在云层后，不肯露面。痴情的吴冠中索性搬到山下的工棚中住下，大有不见玉龙山誓不返回的决心。心诚则灵，10多天后，一日午夜，玉龙山主峰终于从云层后走出，吴冠中欣喜若狂，竟扑地泼墨挥毫，神来之作《月下玉龙山》便这样脱笔而出。

对于此事，吴冠中先生在《东寻西找集》中有生动的描述：

几乎天天如此捉迷藏似的搏斗了一个星期。一个月夜，突然晴朗起来，那皎洁多姿的玉龙，像刚出浴的姑娘似的裸露了整个身段。——我立刻叫醒小杨，我们急急忙忙搬出画具，小杨给我背出一张桌子，我宁愿伏在地上作画。这回终究表达了我自己的感受。

从来多不在画面上题跋与写诗，这回破例，即兴题了首七绝：

崎岖千里访玉龙，

不见真形誓不还。

趁月三更悄露面，

长缨在手缚名山。

李霖灿先生知道后说："他果然于40年后，没忘记雪山速写之召唤，画出了《月下玉龙山》等一系列杰作，算是前前后后，完成了我们两人阳春白雪的黄粱一梦，好不动人萦思，亦复令人欣喜。"